BIBLIOTHÈQUE DES FAMILLES

SÉRIE

DES

# BÊTES OVINES

ET

## DES CHÈVRES

PAR

**A. YSABEAU, agronome**

PARIS

VICTOR POULLET, LIBRAIRE-ÉDITEUR

7, RUE DU CHERCHE-MIDI, 7

# AGRICULTURE

## DES

# BÊTES OVINES

### ET

## DES CHÈVRES

PARIS. — IMP. SIMON RAÇON ET COMP., RUE D'ERFURTH, 1.

BIBLIOTHÈQUE DES FAMILLES ET DES PAROISSES
SÉRIE AGRICOLE

# DES
# BÊTES OVINES

ET

# DES CHÈVRES

PAR

## A. YSABEAU

AGRONOME, ANCIEN PROFESSEUR D'HISTOIRE NATURELLE

PARIS
VICTOR POULLET, LIBRAIRE-ÉDITEUR
7, RUE DU CHERCHE-MIDI, 7

1858

# NOTIONS PRÉLIMINAIRES

Chacune des races d'animaux soumis à l'empire de l'homme par la domesticité a son genre particulier d'utilité qui la rend spécialement précieuse au point de vue agricole. Les bêtes ovines et les chèvres, issues d'une souche commune en dépit de leurs différences extérieures, rendent à l'agriculture un genre de services qu'elles seules sont capables de lui rendre. Par la conformation de leurs dents et l'instinct qui les porte à rechercher, de préférence à toute autre, l'herbe rare et courte, le mouton change en produits utiles des plantes fourragères qui ne pourraient être ni fauchées, ni pâturées par les autres bestiaux, et qui, par conséquent, sans lui, seraient complétement perdues.

Le mouton est aussi le seul des animaux herbivores domestiques qui épargne au laboureur la dépense toujours fort lourde du transport des engrais de la ferme aux champs; par le procédé du parcage, les trou-

peaux de bêtes ovines vont déposer le fumier à la place
même où il doit être utilisé.

De nos jours, l'élevage des bêtes ovines a subi une
véritable et complète révolution. Au commencement de
ce siècle, la laine était le produit principal des troupeaux de bêtes ovines ; le prix élevé qu'on obtenait de
la laine fine faisait rechercher et multiplier les races dis-
tinguées par la qualité supérieure de leur laine, celle
de la viande n'étant plus considérée que comme tout à
fait secondaire ; de là les sacrifices faits par l'État en
France pour propager la race des mérinos espagnols.

Un revirement complet s'est opéré en sens inverse,
par des causes qu'il n'avait pas été possible de prévoir.
Deux points du globe, dont les inépuisables pâturages
étaient jusqu'alors demeurés sans emploi, se sont tout
à coup peuplés de millions de moutons.

Les *steppes* de la Russie méridionale envoient dès à
présent aux fabriques d'Europe des millions de kilog.
de laine fine ; les plaines sans fin de l'Australie leur en
expédient des centaines de millions de kilogrammes.
Que peuvent faire les producteurs européens pour soutenir, quant à la production de la laine, eux qui payent
un loyer et des impositions pour les terres où vivent
leurs troupeaux, la concurrence contre le producteur
russe ou le colon européen, qui n'ont à supporter aucune charge de cette nature ? L'Australie surtout
semble une fabrique inépuisable de laine fine ; les

moutons y multiplient indéfiniment dans des plaines sans limites, et ils s'y gardent pour ainsi dire tout seuls, les animaux carnassiers étant inconnus dans le continent australien.

En Europe, l'accessoire est donc devenu le principal ; on en est revenu aux races qui produisent la meilleure viande au meilleur marché ; celles qui donnent à la fois de bonne viande et des laines fines sont toujours, bien entendu, les plus avantageuses.

L'élevage en grand des moutons est resté, en dépit de ces vicissitudes, l'une des branches les plus productives de l'industrie rurale, l'une de sources principales de la richesse agricole de plusieurs de nos départements les mieux cultivés.

L'un des grands avantages offerts par l'entretien des grands troupeaux de bêtes ovines, c'est qu'ils n'engagent pas longtemps le capital nécessaire pour les créer ; les moutons d'un an, les agneaux de quelques mois même, se vendent facilement à de bons prix ; il ne faut pas, pour rentrer dans ses avances, que celui qui élève des bêtes ovines attende pendant des années, toujours exposé à tout perdre, comme celui qui élève des bœufs ou des chevaux.

La chèvre, surnommée à juste titre la *vache du pauvre*, rend aussi, dans les régions montagneuses, des services qu'elle seule peut rendre ; malgré ses nombreux défauts, dont au reste les suites sont faciles à prévenir, elle tient honorablement sa place à la suite du mouton, et mérite toute l'attention des amis de l'agriculture ; elle seule peut vivre, prospérer, multiplier, et porter l'aisance au sein des familles de cultivateurs, là où la race de moutons la plus sobre ne saurait se soutenir.

DES

# BÊTES OVINES

ET

# DES CHÈVRES

---

## CHAPITRE PREMIER.

### DES DIVERSES RACES DE BÊTES OVINES. — RACES FRANÇAISES.

Races ovines. — Races françaises. — Race bretonne. — Ses défauts. Sa petitesse. — Race de Sologne. — Ses qualités. — Race ardennaise. — Sa valeur pour la boucherie. — Pays auxquels elle convient. — Race des Flandres. — Sa valeur pour la production de la viande. — Race mérine. — Valeur de sa laine. — Race de Naz. — De Mauchamps. — Distribution géographique des races ovines en France.

### Races ovines.

Les naturalistes considèrent comme les souches de toutes les races de moutons répandues dans le monde le *mouflon*, qu'on rencontre encore à l'état sauvage dans les montagnes du nord de l'Afrique et dans celles de l'île de Corse, et l'*Argali*, son proche parent, qui habite les montagnes de la haute Asie. Ce qui est certain, c'est que la race ovine, soumise à l'homme dès la plus haute antiquité, a produit en domesticité une multitude de variétés appropriées aux conditions de climat et de nourriture de chacune des contrées où l'homme entretient des troupeaux.

### Races françaises.

En France, dans les pays peu fertiles, en partie incultes, se sont constituées les races de petite taille, agiles, robustes, sobres, à viande courte très-brune, à toison tantôt blanche, tantôt d'un noir tirant sur le roux ; ces races sont spécialement estimées pour la qualité de leur viande, qui, dans plusieurs cantons, approche de celle du meilleur gibier. Dans les plaines basses au climat humide du nord de la France s'est formée et maintenue la race des moutons à laine longue de très-forte taille, à viande plus abondante que délicate, prenant facilement la graisse, et pouvant acquérir un poids très-considérable. Dans les plaines à blé de la Beauce, de la Brie et des meilleures parties de la Champagne, ce sont les races à laine fine, d'origine étrangère, mais devenues françaises par naturalisation, qui composent les grands troupeaux.

On peut considérer comme indigènes en France les races de moutons de *Bretagne*, de *Sologne*, des *Ardennes*, des *Flandres*, toutes propagées plutôt pour leur viande que pour leurs toisons, et les races *mérine*, de *Naz* et de *Mauchamps*, multipliées en vue de leurs toisons, plus que pour la production de la viande.

### Race bretonne.

Les innombrables troupeaux de moutons qui parcourent les *landes* ou bruyères incultes qui couvrent la plus grande partie de la surface des cinq départements de l'ancienne Bretagne sont un exemple de ce que la faim, la misère, le défaut habituel de soins de la part de l'homme, peuvent faire d'une race d'animaux domestiques. La race ovine bretonne n'est domestique qu'à demi ; bien que chaque troupeau ait un maître, les trois quarts du temps ces moutons se gardent tout seuls, vivent en plein air, dans un état plus d'à moitié sauvage, et ne reçoivent point d'aliments, si ce n'est pendant la saison la plus rigoureuse, lorsqu'ils risquent trop évidemment de périr d'inanition, auquel cas on leur donne juste ce qu'il faut pour les empêcher de mourir de faim. Ces moutons sont de très-petite taille ; leur toison, quelquefois blanche, est le plus souvent d'un brun roux, plus ou moins noir chez les jeunes animaux. On peut habituellement, aux foires de l'intérieur de la Bretagne, se procurer des moutons de cette race au prix modique de deux francs cinquante centimes à trois francs la pièce, y compris les brebis pleines. Un gigot d'un de ces moutons ne coûte pas plus de cinquante à soixante-quinze centimes ; il est vrai qu'il n'est pas gros ; un homme d'un appétit ordinaire en peut manger un à dîner sans s'exposer à en avoir une indigestion. La même race se retrouve dans les mêmes conditions d'existence sur les landes de Gascogne.

Dans les parties les plus fertiles et les mieux cultivées de la Bretagne, cette race se retrouve un peu plus développée, tout en restant d'une taille au-dessous de la moyenne; on connaît la renommée gastronomique du mouton de *pré salé*, qui forme une sous-race distincte. Avec très-peu de soin, un peu de bonne nourriture et un choix judicieux de ses meilleurs reproducteurs, la race bretonne prend assez de volume, tout en conservant sa sobriété, sa rusticité, et la saveur relevée de sa chair; elle est alors meilleure que toute autre à multiplier dans les fermes composées en grande partie de terres de bruyères récemment rendues à la culture, où des races plus étoffées et plus exigeantes ne pourraient se soutenir.

### Race de Sologne.

Les moutons *solognots* sont de beaucoup supérieurs aux bretons, soit pour la taille, soit pour la valeur de leurs toisons; ils leur sont un peu inférieurs quant à la finesse de leur viande. L'origine des deux races de Bretagne et de Sologne est probablement la même; seulement le mouton solognot s'est moins dégradé que le breton parce qu'il a toujours été mieux apprécié et mieux soigné. Il ne vit jamais exclusivement aux dépens des bruyères, que dans la saison où il y peut aisément trouver de quoi vivre, sinon dans l'abondance, au moins sans trop souffrir de la faim; le reste du temps, les propriétaires des troupeaux ont soin de pourvoir à leur subsistance. Néanmoins la race de Sologne manque de taille par elle-même; elle ne peut en acquérir que par des croisements qui ne sont pas toujours heureux ; elle est très-bien appropriée aux pays encore à moitié incultes, mais en voie de défrichement. Sur les marchés des villes, la chair des moutons de Sologne est très-estimée.

### Race ardennaise

Le mouton des Ardennes, presque aussi estimé des gastronomes que le mouton breton de pré-salé, est d'une taille intermédiaire entre celle des bretons et celle des solognots, plus rapprochée néanmoins de ces derniers. Le genre de nourriture que les moutons ardennais trouvent sur les pâturages en pentes incultes où ils ont assez de peine à vivre donne à leur viande un goût très-rapproché de celui de la chair du chevreuil. Les toisons des ardennais sont meilleures que celles des solognots ; transportés dans les pays de plaines un peu moins mauvais que les *sarts* de l'Ardenne proprement dite, ils deviennent semblables aux solognots et perdent les qualités spéciales qui les distinguent. C'est, de toutes les races ovines indigènes, celle qui semble le mieux appropriée aux pays peu fertiles, au sol très-accidenté.

### Race des Flandres

Le mouton flamand est le type de ces *moutons à grande laine* qui ont fait pendant des siècles la principale richesse agricole de l'Angleterre, du nord de la France et des Pays-Bas. Cette race, de très-grande taille, à laine pendante en longues mèches, un peu grossière, donne une viande souvent dure, à la fibre très-longue et d'un goût peu relevé: elle grossit vite, mange beaucoup et prend facilement la graisse. Les moutons gras de cette race peuvent avoir un mètre trente centimètres de hauteur et peser jusqu'à soixante kilogrammes; ils pèsent rarement moins de quarante-cinq kilogrammes. Hors des pays où elle peut avoir de bon fourrage frais ou sec à discrétion, la race ovine des Flandres ne peut pas se soutenir. Quoique très-loin d'être fines, les toisons des moutons flamands sont toujours si longues et si lourdes, qu'elles se vendent à des prix assez élevés pour la fabrication des tissus de laine communs; la quantité compense ce qui manque à la qualité.

### Race mérine.

Bien que leur origine soit espagnole, et que même la date de leur introduction en France ne remonte pas plus loin que la seconde moitié du dernier siècle, les moutons de race mérine sont devenus aussi français que possible, en prenant par la naturalisation des caractères qui leur sont propres et qui diffèrent essentiellement de ceux des mérinos d'Espagne. La taille moyenne des moutons de race mérine française dépasse celle des mérinos espagnols. La toison d'un bélier, en Espagne, ne dépasse jamais le poids de quatre kilogrammes cinq cents grammes à cinq kilogrammes; en France, la toison d'un bélier de race mérine ne pèse jamais moins de cinq kilogrammes; elle pèse assez souvent dix et quelquefois jusqu'à quinze kilogrammes.

Bélier mérinos.

La race mérine ne peut prospérer que dans les pays où elle trouve une bonne nourriture en abondance ; elle s'engraisse difficilement, et sa viande n'est que de seconde qualité.

### Race de Naz.

Le troupeau élevé et perfectionné à la bergerie de Naz (Ain), dans l'ancien pays de Gex, a constitué une race distincte, très-estimée et très-répandue dans tous les départements de l'est de la France. Elle a eu pour point de départ la race mérine modifiée par le climat, la nourriture et des croisements judicieux ; elle est, pour les pays au sol accidenté, mais suffisamment fertiles, ce que la race mérine est pour les plaines de la Beauce et de la Brie.

### Race de Mauchamps.

Cette race, créée en Champagne, à la ferme dont elle porte le nom, par des croisements entre les races mérine et ardennaise, est à laine à la fois longue, lisse et très-fine. Elle doit la juste réputation dont elle jouit dès à présent, bien qu'elle soit de création toute récente, aux soins intelligents dont elle est l'objet, spécialement à la Bergerie impériale de *Gévrolles*.

Moins exigeante que les races mérine et de Naz, la race de Mauchamps fournit une laine dont les propriétés répondent aux besoins spéciaux de certaines industries, ce qui la fait rechercher des fabricants ; sa chair est de même qualité que celle des moutons solognots.

Si l'on donne un coup d'œil à la distribution géographique des races ovines sur le territoire français, on voit que ces races dominent partout où le cultivateur ne dispose pas d'assez de ressources fourragères pour faire vivre le gros bétail. Les principaux pays à moutons sont, d'une part, le grand espace compris entre les Alpes, la Méditerranée et les Pyrénées ; de l'autre, le plateau central du Cher, de l'Indre et du Loiret. Les grands troupeaux de moutons se rencontrent encore, côte à côte de nombreux troupeaux de gros bétail, entre la Loire et la Seine ; au nord du bassin de la Seine, c'est le gros bétail qui l'emporte ; les moutons ne tiennent le premier rang dans les fermes que de loin en loin et par exception.

L'agriculture française nourrit environ quarante-cinq millions de bêtes ovines.

# CHAPITRE II.

## DES RACES OVINES ÉTRANGÈRES

Races ovines étrangères. — Races de la Grande-Bretagne. — Dishley. — Southdown. — Black-faced. — Race espagnole. — Troupeaux mérinos transhumants. — Races ovines d'Allemagne. — Des bruyères, ou de Lunebourg. — De Frise. — Races ovines d'Asie. — De Caramanie. — D'Arabie. — Races ovines d'Afrique. — Moutons d'Australie. — Leur origine. — Leur accroissement prodigieux. — Massacres de moutons en Australie en temps de sécheresse.

Les races étrangères de bêtes ovines, dont quelques-unes l'emportent sur les races françaises et servent encore de nos jours à les améliorer par les croisements, se divisent naturellement en deux sections, dont la plus importante comprend les *races des divers pays de l'Europe*, la seconde, d'une importance secondaire, les *moutons des autres parties du monde*.

### Races ovines européennes.

La priorité appartient aux *races ovines de la Grande-Bretagne;* viennent ensuite, par ordre de mérite, les *races d'Espagne* et celles d'*Allemagne*. Les innombrables troupeaux qui couvrent actuellement les steppes du sud de l'empire russe n'appartiennent point à des races indigènes de ce pays; elles ont été importées d'Allemagne, et sont originairement issues des mérinos espagnols.

## Races ovines de la Grande-Bretagne.

C'est dans les îles Britanniques qu'a été le mieux comprise la nécessité de modifier l'élève du mouton d'après les circonstances, et de perfectionner surtout les

Dishley.

races au point de vue de la production de la viande, tout en conservant aux laines le plus de valeur possible. Les éleveurs anglais s'y sont appliqués avec la plus louable persévérance ; les deux races anglaises les plus parfaites, celle des *dishleys* et celle des *southdowns*, bien qu'elles aient originairement du sang espagnol dans les veines, sont réellement créées de toutes pièces. Les pieds et la tête étant les parties les moins recherchées, on a

constamment choisi pour reproducteurs ceux qui
avaient les jambes les plus minces et la tête la plus
petite; il en résulte que ces animaux, pour qui les voit
pour la première fois, semblent des moutons impossibles, n'ayant des pieds et une tête que parce qu'ils ne
peuvent se dispenser d'en avoir. Les parties les plus
avantageuses pour la boucherie ont été, par le même
procédé, développées le plus possible; les cornes ont

Southdawn.

été supprimées comme inutiles et dangereuses. Le
mouton anglais, véritable machine à fabriquer la
viande, la laine et la graisse, n'a pas l'air d'un être
vivant; c'est un des exemples les plus remarquables du
pouvoir donné à l'homme de modifier dans des limites fort étendues les animaux qui lui sont soumis
par la domesticité. L'Angleterre en a environ trente-
deux millions, et le reste des îles Britanniques vingt-

trois millions; c'est un total de cinquante-cinq millions de bêtes ovines distribuées sur la surface des îles Britanniques. Comme sous-races moins importantes, on doit encore mentionner celle de Costwold, plus rustique et presque aussi belle que les *dishleys*, et la *race à face noire* (*Blak-faced*) des montagnes d'Ecosse, l'une des plus rustiques et des moins exigeantes qui soient au monde.

### Race espagnole.

Bien qu'on distingue en Espagne diverses sous-races cantonnées dans telle ou telle province, l'ensemble des moutons espagnols appartient bien réellement à la race des *mérinos*, et les nuances qui distinguent les sous-races locales sont à peine distinctes. L'Espagne est littéralement en proie aux mérinos *transhumants*, c'est-à-dire, voyageant sans cesse des pays de plaine aux pays de montagne et réciproquement, à travers des terres fertiles qu'on ne cultive pas pour qu'elles y trouvent à vivre. La finesse des toisons de ces mérinos est connue; il ont été les améliorateurs, ou, pour parler plus juste, les fondateurs de toutes les sous-races améliorées du reste de l'Europe.

Grâce au système suivi à leur égard, les mérinos d'Espagne, toujours au grand air, toujours en voyage, ne connaissent jamais ni la grande abondance ni l'extrême disette; aussi ne sont-ils jamais, dans leur pays, ni très-gras ni très-maigres; leur tempérament robuste permet de les introduire directement comme reproducteurs améliorateurs, dans des climats beaucoup plus froids que celui de leur pays natal ; ils s'y acclimatent sans difficulté.

### Races ovines d'Allemagne

On rencontre sur tout le littoral allemand de la mer Baltique deux races ovines, qui sont à proprement parler les types du mouton allemand. La plus répandue est de petite taille, rustique, à moitié sauvage, comme les petits moutons de Bretagne ; on la nomme *race des bruyères*, ou de *Lunebourg* ; elle domine dans toute l'Allemagne du Nord, depuis les frontières de la Hollande jusqu'en Poméranie. Sa laine très-grossière sert à faire des chapeaux et des étoffes communes. On calcule qu'en moyenne, chez les meilleurs individus de cette race, les béliers peuvent donner deux kilogrammes de laine, les moutons un kilogramme cinq cents grammes, et les brebis un kilogramme ; le plus souvent ils n'en donnent pas plus de la moitié de cette quantité ; c'est un rendement en laine encore un peu plus fort que celui des petits moutons des landes de Bretagne ; mais la laine de ces derniers, sans être très-bonne, est supérieure à celle des moutons de Lunebourg.

La seconde race allemande offre le type affaibli du mouton hollandais de la *race du Texel*, lequel n'est autre que notre mouton flamand *à grande laine*. Celui de l'Allemagne, nommé *mouton de Frise*, est de grande taille, grand mangeur, propre seulement aux pays à pâturages abondants ; il résiste bien à l'humidité, ce qui le rend précieux dans les pays au sol plus ou moins marécageux; il donne des toisons de laine longue, du poids de trois à cinq kilogrammes.

L'intérieur de l'Allemagne est parcouru par des sous-races de moutons issus du croisement des deux précédentes et de diverses races étrangères; on y retrouve trait pour trait nos moutons solognots, picards, champenois, ou du moins leurs analogues, et des mérinos de race pure ou croisée, à divers degrés, comme dans les diverses régions agricoles de la France.

La plus remarquable de ces races est la race mérine de Saxe, dite *race électorale*; c'est celle de toute l'Europe qui fournit la laine la plus parfaite, sans excepter celle des plus beaux mérinos d'Espagne, ancêtres des mérinos saxons. Les steppes de la Russie méridionale sont principalement peuplées de moutons de la race électorale.

### Races ovines d'Asie.

Rien de plus négligé que les moutons des divers pays de l'Asie musulmane; *ceux d'Arabie*, très-hauts sur jambes, n'ont pas même de laine; ils sont à poil ras, avec quelques touffes de laine çà et là, laine grossière et presque sans valeur; personne ne songe à les remplacer par une race moins défectueuse. On ne cite, comme possédant quelque valeur pour leur laine, que les *moutons de la Caramanie* en Asie Mineure; ils sont de taille moyenne, et donnent des toisons passables, qui seraient excellentes s'ils étaient l'objet de soins intelligents.

### Races ovines d'Afrique.

Le nord de l'Afrique soumis à la domination française ne possède qu'une race de moutons de très-haute taille, au front très-busqué, à laine peu fournie, analogue au mouton arabe, dont elle est issue, et défectueuse sous tous les rapports. Les colons européens et à leur exemple quelques chefs de tribus arabes commencent à propager en Algérie la race mérine espagnole : elle y réussit très-bien et doit y remplacer avec le temps la race ovine indigène.

### Les moutons d'Australie.

La multiplication du mouton en Australie est un fait tellement remarquable dans l'histoire de la race ovine, qu'il est indispensable de le mentionner ici. Il n'y a pas plus d'un demi-siècle que les premiers moutons anglais ont été importés en Australie, à la Nouvelle-Galle du sud, comme disent les Anglais; ces moutons, d'origine espagnole, étaient de la race de Costwold. Ayant devant eux des plaines immenses, couvertes d'une herbe appropriée à leur constitution, ces moutons multiplièrent rapidement. Les colons intelligents ne furent pas longtemps à s'apercevoir des avantages offerts par l'élevage en grand du mouton dans un pays où la main-d'œuvre est rare et où il n'existe pas d'animaux carnassiers, contre lesquels les moutons doivent être défendus. Aujourd'hui on n'a pas de dénombrement exact des moutons d'Autralie ; mais l'exportation annuelle des laines de ce pays pour la Grande-Bretagne dépasse deux cent cinquante millions de kilogrammes, et elle était encore plus forte avant que la plus grande partie des bras fût détournée des travaux agricoles pour l'exploitation des mines d'or.

De temps en temps, il survient des années de sécheresse où l'herbe brûle et où il n'y a rien à donner aux moutons. Alors le colon australien prend son parti ; il garde le peu qu'il lui est possible de nourrir, pour en continuer la multiplication l'année suivante ; puis il tue tout le reste, allume d'immenses bûchers, et brûle les corps, pour éviter l'infection que causerait leur corruption. Pendant ce temps, on paye en Europe la viande de mouton un franc cinquante centimes le kilogramme.

# CHAPITRE III.

## DU TROUPEAU ET DU BERGER.

Formation d'un troupeau. — Choix d'une race. — Nombre des moutons par rapport à l'étendue des terres. — Qualités que doit réunir un bon berger. — Conditions d'engagement. — Attributions du berger communal. — Du berger de ferme. — Apprentissage du berger. — Comment on devient bon berger. — Conduite d'un troupeau au pâturage. — En voyage. — La transhumance des moutons. — Défense du troupeau contre les loups. — Vigilance du berger et de ses chiens. — Avantages de la profession de berger.

### Formation du troupeau.

Après avoir mûrement réfléchi sur les conditions économiques du pays où il cultive, le fermier qui se propose d'entretenir un troupeau doit le plus souvent, pour commencer, s'en tenir à la race qu'il trouve établie dans le pays, quand même il croirait à la possibilité d'en adopter une meilleure. Celle qui est en possession d'un canton est en quelque sorte identifiée avec le milieu au sein duquel elle vit depuis longtemps; une autre pourrait rencontrer des obstacles imprévus et insurmontables; il ne faut l'introduire, s'il y a lieu, qu'après des essais dirigés avec une prudence éclairée, répétés plutôt deux fois qu'une, et qui ne puissent pas laisser subsister l'ombre d'un doute quant au succès. Le nombre des bêtes ovines à nourrir sur une terre d'une étendue déterminée ne peut être fixé que d'après les circonstances locales et pour chaque exploitation en particulier; il dépend des ressources fourragères subordonnées à la qualité du sol, du climat local, et de la consommation présumée des fourrages par la race adoptée, dont le tempérament et les besoins doivent avoir été bien étudiés. Il faut en outre avoir égard à la possibilité de se procurer un bon berger; car, s'il est toujours facile au fermier de diriger et de surveiller ses autres subordonnés, le berger échappe entièrement à sa surveillance; la prospérité ou la décadence du troupeau sont à sa discrétion.

### Qualités que doit réunir un bon berger.

Il faut, avant toute chose, que le berger possède l'expérience des devoirs de sa profession, et, comme on dit vulgairement, qu'il en ait le goût, qu'il aime les moutons, qu'il se plaise au milieu d'eux, sans quoi il n'y a rien à en espérer. Il ne doit être ni trop jeune, il manquerait d'expérience, ni trop âgé, il manquerait d'activité, et ses fonctions en exigent une continuelle. Il doit être d'un caractère franc, loyal, d'une probité éprouvée; car c'est celui de tous les serviteurs d'une exploitation qui peut le plus aisément céder à la tentation de faire du tort à son chef, sans que celui-ci puisse s'en apercevoir.

### Conditions d'engagement d'un berger.

Dans les grandes fermes à moutons, le berger reçoit des gages débattus de gré à gré, la nourriture, et assez souvent la permission d'avoir dans le troupeau un certain nombre de bêtes à lui. Rien de plus pernicieux que cette dernière condition ; elle doit être repoussée d'une manière péremptoire. Si le berger a dans le troupeau un lot de moutons qui soit sa propriété, il s'en occupera tout particulièrement et négligera les autres : c'est inévitable. Il vaut cent fois mieux lui accorder sur la vente des agneaux, des moutons gras et des laines, un léger bénéfice, qui l'intéresse à la prospérité du troupeau. Le proverbe dit : « *Mouton de berger ne meurt pas.* »

### Attributions du berger. — Le berger communal.

Les attributions du berger varient selon qu'il est aux gages d'une commune ou à ceux d'un particulier. Le berger communal n'a pas d'ordinaire une grande responsabilité ; il mène les moutons de toute une commune au pâturage ; il en est moins le berger que le pâtre ; pourvu qu'il ne laisse point de moutons s'égarer, que, le soir, chaque lot rentre exactement à son domicile, et qu'aucun dégât ne soit commis dans les champs voisins des pâturages communs par les moutons confiés à sa garde, ses principaux devoirs sont remplis ; les soins que réclament les moutons ne sont pour ainsi dire pas de son ressort. Si des agneaux naissent au pâturage, il doit immédiatement marquer les mères,

afin que les agneaux soient remis sans erreur à qui
de droit ; le reste ne le regarde pas. Souvent, dans les
cantons où plusieurs communes qui se touchent ont
des bergers communaux, ceux de quatre ou cinq communes se rassemblent sur un point du terrain livré au
parcours des bêtes ovines ; là, ils causent, fument ou
jouent aux cartes, sans oublier la boisson que, chacun
apporte à tour de rôle. Pendant ce temps, les chiens
se promènent sur la limite que les moutons au pâturage ne doivent pas franchir, et le troupeau s'arrange
comme il peut. Un berger soigneux, qui prend intérêt à la prospérité de son troupeau, voit d'un coup
d'œil combien de jours de vivres un pâturage d'une
étendue quelconque peut fournir à ses bêtes ; il les conduit de place en place, veille à ce que les plus forts
n'empêchent pas les plus faibles de paître, et s'arrange
de manière à tirer le meilleur parti possible des ressources du pâturage. Rien de tout cela n'est praticable
quand la garde du troupeau est confiée au berger
communal, lequel s'en remet à ses chiens du soin de le
garder, ce qui donne lieu à un irréparable gaspillage.

### Le berger de ferme.

Dans une grande ferme à moutons, les devoirs du
berger sont plus variés, plus étendus, que ceux du
berger communal. Ces devoirs diffèrent selon les lieux
et les races de moutons dont se composent les troupeaux. Il y aurait tout un livre à faire sur les obliga-
tions du berger et la manière de les bien remplir ;
nous en esquisserons les principaux traits. Sans con-

naître la médecine vétérinaire, le berger doit savoir distinguer les symptômes des principales affections auxquelles les moutons sont sujets, et appliquer à propos les remèdes familiers qu'on peut leur opposer sans danger en attendant le vétérinaire, s'il y a lieu de réclamer son intervention.

### Apprentissage du berger.

Quant à son apprentissage, il doit être autant que possible fils de berger, et avoir secondé son père dans l'exercice des devoirs de sa profession, ou bien avoir été attaché comme *aide berger*, depuis son enfance, au service d'une ferme à moutons. Les propriétaires qui désirent se ménager de bons bergers font une dépense éminemment utile et judicieuse, lorsqu'ils placent à leurs frais un jeune domestique annonçant des dispositions pour l'état de berger, soit dans une grande ferme bien tenue, où il s'exerce sous la direction d'un bon berger à bien soigner les moutons, soit, lorsque la chose est possible, dans une des bergeries de l'État, où il peut acquérir une instruction professionnelle encore plus complète.

### Conduite du troupeau au pâturage.

C'est une véritable science pour le berger que celle de bien faire paître son troupeau et de le bien conduire lorsqu'il est en marche. Si le pâturage a lieu en temps de sécheresse, et que les moutons ne doivent y trouver que des herbes peu succulentes, le berger prévoyant aura soin de les faire boire avant le départ. Il pressera ou ralentira leur marche selon la nature des chemins en pente rapide ou dans la plaine; il les fera passer sans s'arrêter sur les luzernes, les trèfles, les céréales trop épaisses, afin qu'ils n'en prennent pas plus qu'il ne leur en faut, et qu'ils ne se donnent pas d'indigestion; il portera dans ses bras les agneaux nés au pâturage, incapables de suivre leur mère; ces naissances accidentelles devront avoir lieu très-rarement; le berger attentif connaît à très-peu près le moment où ses brebis doivent donner leur agneau; il a soin de les faire rester à la bergerie lorsqu'elles sont sur le point de mettre bas.

### Conduite du troupeau en voyage

En général, le mouton est un animal fait pour manger en marchant; au pâturage, il s'arrête peu, si ce n'est pour chercher un peu d'ombrage et se reposer pendant la plus forte chaleur du jour. Cette particularité du tempérament des moutons facilite pour le berger la tâche de faire voyager son troupeau, tâche délicate et souvent pénible pour les troupeaux transhumants. Dans ceux de nos départements du Midi où les troupeaux passent régulièrement l'été sur les pâturages des montagnes et l'hiver sur ceux de la plaine, la *transhumance*, c'est-à-dire le déplacement périodique des moutons, est soumise à des règlements dont le berger ne peut s'écarter; il fait voyager son troupeau selon un itinéraire déterminé, par étapes dont les gîtes sont fixés d'avance; les journées sont de vingt à vingt-cinq kilomètres; le départ a lieu de très-grand matin, pour que les

moutons se reposent durant la plus forte chaleur du
jour.

Le berger, même lorsqu'il dirige un troupeau sé-
dentaire, c'est-à-dire, qui n'est pas transhumant, doit
toujours savoir faire au besoin voyager des moutons;
car il peut toujours être envoyé à des foires éloignées
de la ferme à laquelle il appartient, pour acheter ou
vendre des lots de moutons plus ou moins considérables. Lorsqu'il n'en a qu'un trop petit nombre à conduire et qu'il lui faut traverser des pays à moutons, il
n'a pas d'autre parti à prendre que de les charger sur
une charrette; autrement, malgré le secours des chiens
les mieux dressés, il n'empêchera pas ses moutons d'aller se mêler au premier troupeau qui se trouvera sur
leur passage, et de lui donner le même embarras chaque fois qu'ils apercevront d'autres moutons; c'est ce
qui n'arrive pas quand les moutons voyagent par ban-
des assez nombreuses.


### Défense du troupeau.


Dans le voisinage et même à une assez grande
distance des forêts, le berger doit faire bonne garde
contre les loups; c'est pour cela surtout qu'il a besoin
d'être secondé par de bons chiens, courageux et bien
dressés. Le chien de berger, dressé avec soin et surtout avec affection, doit finir par prendre, comme son
maître, goût à son métier. On en cite qui, après des
tourmentes de neige fréquentes dans les pâturages des
montagnes, ont rassemblé seuls des troupeaux dis-
persés, dont le berger ne savait où aller chercher les

fractions. Lorsqu'il y a lieu de craindre les attaques des loups contre les moutons enfermés dans le parc, le berger doit allumer une lanterne-phare au-dessus de sa cabane, avoir constamment son fusil double à côté de lui, ne dormir que d'un œil, et être debout à la première alarme donnée par les aboiements de ses chiens.

Cabane du berger.

Il ne faut pas confier à un berger plus de trois cent cinquante à quatre cents bêtes ovines; c'est tout ce qu'il peut en soigner convenablement; si le troupeau dépasse ce nombre, il lui faut un aide; ce serait une économie très-mal entendue que de le lui refuser.

Si les devoirs du berger sont nombreux, ils ont pour celui qui aime sa profession l'attrait de la variété; il trouve dans leur accomplissement les avantages d'une existence occupée sans excès de fatigue, et, s'il a de la conduite, la certitude d'une honnête aisance acquise par un travail utile aux autres comme à lui-même.

# CHAPITRE IV.

## CHOIX DES REPRODUCTEURS. — MULTIPLICATION.

Choix des reproducteurs. — Son influence sur les troupeaux. — Choix du bélier. — Conditions essentielles d'un bon bélier. — Sa durée comme reproducteur. — Choix des brebis. — Leur durée. — Gestation. — Agnelage. — Allaitement des agneaux. — Portées doubles. — Élevage des agneaux. — Les Antennois. — Moutons à laine fine. — Moutons destinés à l'engraissement. — Élevage des jeunes béliers. — Régime qui leur convient.

### Choix des reproducteurs.

Le bon choix des reproducteurs de la race ovine est plus important que celui des reproducteurs des autres races de bestiaux, à cause de la rapidité de leur développement. L'influence des reproducteurs atteints de quelques vices de tempérament ou de conformation se fait immédiatement sentir; quelques mauvais béliers peuvent, en un an ou deux, gâter tout un troupeau; heureusement l'influence réparatrice des bons reproducteurs s'exerce avec la même rapidité.

### Choix du bélier.

Chaque race ou sous-race de bêtes ovines se distingue par un ensemble de qualités spéciales qui lui donnent une valeur relative, qualités qu'il faut chercher à conserver en les développant; envisagé sous ce point de vue, un bélier n'est bon ou mauvais que relativement à la race à laquelle il appartient. Mais, d'un point de vue plus général, tous les béliers de toutes les races doivent satisfaire à un certain nombre de conditions essentielles en dehors desquelles ils ne doivent pas être conservés pour servir à la reproduction. Un bon bélier, n'importe de quelle race, doit présenter avant tout la plus parfaite régularité de formes et l'harmonie la plus satisfaisante à l'œil dans toutes ses proportions. Si, par exemple, étant bien fait sous tous les autres rapports, il est trop haut sur jambes ou trop près de terre, ces défauts devant se transmettre à sa postérité, il ne peut pas servir comme reproducteur.

Le bélier doit être large des reins; son corps doit offrir une forme régulièrement cylindrique; s'il a le ventre gros et pendant, il est défectueux. Sa laine surtout appelle un examen très-attentif; non-seulement il faut qu'elle réunisse toutes les qualités des meilleures laines de son espèce, mais encore, et c'est un point des plus importants, il faut qu'elle soit très-régulièrement répartie sur toute la surface du corps; sans quoi, le défaut d'égalité allant en augmentant chez sa descendance, on aurait en quelques générations des toisons très-épaisses sur quelques points, tout à fait dégarnies sur d'autres, par conséquent d'une valeur presque nulle.

C'est surtout chez les jeunes agneaux mâles que les qualités qui peuvent en faire par la suite de bons reproducteurs doivent être observées et constatées; s'ils ne tiennent pas en grandissant ce qu'ils semblaient promettre, il est toujours temps de les castrer pour en faire des moutons; s'ils tiennent les promesses de leur premier âge, des soins assidus et une nourriture choisie développeront leurs qualités, et le troupeau, quelle que soit la race adoptée, ira en s'améliorant. Le bélier possède à quinze mois toute son aptitude comme reproducteur; s'il est de bonne race, il peut être utilisé jusqu'à la cinquième année; habituellement il n'y a aucun avantage à conserver les béliers au delà de quatre ans.

### Choix des brebis.

Toutes les brebis du troupeau doivent donner un agneau par an; les meilleures en donnent deux; mais, comme tous les agneaux ne sont pas également bien conformés, il n'y a pas de perte pour l'éleveur à réserver les meilleures brebis pour la reproduction et à vendre les autres très-jeunes pour la boucherie. En général, les jeunes brebis provenant d'un bon bélier en ont les qualités, bien qu'à un degré moins prononcé; on peut faire servir à la reproduction toutes celles qui paraissent bien conformées. La brebis bien nourrie est apte à la reproduction à l'âge d'un an; elle peut commencer à porter un peu plus jeune; mais, dans ce cas, son agneau n'a pas d'avenir, et ceux qu'elle pourra donner par la suite seront de plus en plus chétifs. Une bonne brebis bien nourrie peut durer dix à onze ans; on ne conserve jusqu'à cet âge que celles d'une valeur exceptionnelle, soit parce qu'elles appartiennent à une race d'élite, soit parce qu'elles donnent deux agneaux à la fois. Les brebis ordinaires ne sont pas conservées au delà de cinq ans; passé cet âge, leur chair devient si dure, qu'elle n'est presque plus mangeable.

### Gestation. — Agnelage

La durée moyenne de la gestation de la brebis est de cinquante-cinq jours; le berger, attentif à ces fonctions, tient note du moment présumé des naissances; il a soin qu'à la sortie de la bergerie les brebis dans un état de gestation très-avancé ne soient pas froissées par les moutons contre les montants des portes; il tient à la bergerie, dans un compartiment isolé, celles qui sont près de mettre bas.

L'*agnelage*, ou mise-bas des brebis, est toujours plus ou moins laborieux; il ne faut ni chercher à aider la brebis qu'on risquerait de blesser en voulant la secourir, ni lui donner, immédiatement après l'agnelage, des aliments réparateurs qui lui feraient plus de mal que de bien. C'est seulement pendant la première semaine de l'allaitement qu'on doit ajouter à la ration habituelle de la brebis mère quelques poignées de son, de farine de légumineuses, de pois concassés, ou de tourteau broyé avec un peu de sel.

### Allaitement des agneaux.

C'est une excellente coutume, aujourd'hui généralement adoptée dans les pays à moutons, que celle de tenir les agneaux séparés de leurs mères, tenues dans un compartiment de la bergerie où les moutons ne peuvent les déranger dans l'accomplissement de leurs devoirs maternels. A des heures fixes, on introduit les agneaux près de leurs mères, qu'ils savent parfaitement reconnaître ; mais ceux dont la mère a trop peu de lait savent aussi très-bien aller chercher un supplément de nourriture près des brebis les meilleures laitières auxquelles il reste du lait après que leurs propres agneaux sont rassasiés. Les brebis bonnes laitières se laissent volontiers teter par les agneaux de leurs voisines ; ceux-ci retournent ensuite près de leur mère et semblent s'en séparer avec regret lorsqu'on les fait rentrer dans le local qui leur est spécialement affecté. Par ce procédé très-simple, les agneaux s'élèvent tous également bien, et il n'y a pas de lait perdu.

Lorsqu'une brebis donne deux agneaux, l'un des deux doit être vendu très-jeune pour la boucherie, sinon ils souffriraient tous deux de la faim, et ils auraient beaucoup de peine à s'élever. S'il arrive qu'une brebis perde son agneau, on peut lui faire allaiter l'un des agneaux d'une brebis qui a donné une portée double; elle s'y attachera comme s'il était à elle. La durée de l'allaitement est de quatre mois.

### Élevage des agneaux.

Un peu avant le moment où les agneaux doivent cesser de teter, on les habitue à suivre leur mère; ils apprennent ainsi à brouter un peu d'herbe fraîche, et se trouvent tout accoutumés à vivre au pâturage quand

vient le moment où les mères n'ont plus de lait. C'est
à ce moment que les agneaux des deux sexes sont soigneusement examinés. Les plus parfaits, soit pour la
laine, soit pour la conformation, sont élevés à part,
dans le but d'en faire des reproducteurs. Les jeunes
agneaux mâles qu'on ne veut pas réserver pour cette
destination sont castrés, sans attendre qu'ils aient pris
plus d'accroissement; plus cette opération est retardée,
plus elle peut être dangereuse.

Une fois qu'ils ont commencé à vivre exclusivement
au pâturage, les agneaux ne donnent pas plus d'embarras que le reste du troupeau. Pendant leur premier
hivernage, il ne faut pas leur distribuer les mêmes aliments qu'aux moutons et aux brebis adultes. Tandis
que les bêtes ovines plus âgées reçoivent, comme
base de leur ration journalière à la bergerie, du foin
sec avec de la paille d'avoine, on donne aux agneaux
du foin de regain de prairies naturelles ou du foin de
trèfle et de sainfoin mêlé à des racines coupées.

### Les antenois.

Dès qu'ils ont atteint l'âge d'un an révolu, les
agneaux passent à l'état d'*antenais* ou *antenois*; ils
ont alors tout le volume propre à leur race : les brebis
commencent à porter; les moutons sont divisés en
deux catégories et soumis à deux régimes différents,
selon que leur élevage est principalement dirigé vers
la production de la laine ou vers celle de la viande.
Ceux qu'on se propose de conserver deux ou trois
ans comme producteurs de laine avant de les engrais-

ser pour la boucherie sont gouvernés de manière à rendre la laine la meilleure possible, selon leur espèce. On les nourrit suffisamment, mais sans prodigalité, afin qu'ils restent agiles, lestes, remuants, selon le caractère de leur race, et qu'ils puissent acquérir toute la rusticité nécessaire pour chercher sur les pâturages élevés l'herbe rare et courte qui donne du corps et de la solidité à leur laine. Ces moutons doivent passer la plus grande partie de leur existence dehors et ne rentrer à la bergerie que pendant les froids les plus rigoureux.

Les moutons qui doivent être engraissés pendant leur seconde année sont traités tout différemment. S'ils vont au pâturage, ce n'est que sur des prairies fertiles, où ils trouvent une herbe abondante et substantielle; ils sont largement nourris d'aliments de choix, et passent presque tout leur temps à la bergerie, ce qui les rend paresseux et les prédispose à l'engraissement.

### Les jeunes béliers.

Quant aux jeunes béliers dont on veut faire des reproducteurs, ils sont soumis à un régime intermédiaire, nourris des meilleurs fourrages frais ou secs, avec un supplément de ration en grains, pois concassés ou tourteau pilé, sans oublier d'y ajouter un peu de sel. S'ils prennent trop vite la graisse par suite de ce régime, on les empêche de trop engraisser en leur faisant prendre assez d'exercice; ils deviennent ainsi très-robustes et aptes à donner une génération de bêtes ovines bien constituées.

# CHAPITRE V.



Alimentation des bêtes ovines. — Pâturage des jachères. — Pâturages les meilleurs pour les moutons. — Fétuque des brebis. — Trèfle blanc. — Pimprenelle. — Quantité de nourriture que peut donner un pâturage. — Pâturage des prairies. — Moment de livrer les pâturages aux troupeaux. — Nourriture à la bergerie. — Provisions pour cent moutons. — Nature des aliments pour faire hiverner un troupeau. — Chou à mille têtes. — Racines fourragères. — Sel. — Boisson.

### Alimentation des bêtes ovines.

C'est toujours une grave préoccupation pour le berger que celle de savoir ce que ses bêtes mangeront. Le mouton mange beaucoup; il est doué d'un appétit tellement impérieux, que, lorsqu'il est au pâturage, tant que la fatigue ne l'oblige pas à prendre du repos, il mange continuellement. Le fermier qui dirige l'exploitation d'une ferme à moutons s'expose à de graves embarras, à des pertes qui peuvent causer sa ruine, lorsqu'il néglige de proportionner ses ressources fourragères au nombre de moutons qu'il a à nourrir. Si, faute d'avoir bien pris ses mesures, il lui faut vendre une partie du troupeau exposé à mourir de faim, la production des engrais dont ses terres ont besoin est tellement réduite, que toute la marche de l'exploitation en est entravée. Dans une grande ferme, on ne doit pas entretenir de troupeau, s'il n'est pas possible de compter, principalement pour son entretien, sur le pâturage.

### Pâturage des jachères.

La nourriture que les moutons trouvent sur les terres en jachère, partout où l'usage déplorable des jachères subsiste encore, et celle qu'ils peuvent trouver pendant un temps assez court sur les chaumes des céréales après la moisson, peuvent être nommées, à juste titre, des ressources ruineuses. En effet, c'est un système ruineux que celui qui consiste à demander aux terres en jachère de l'herbe sauvage pour alimenter le troupeau, alors que rien n'empêche d'occuper la jachère par une culture fourragère quelconque, qui produirait trois fois plus. On comprend aussi combien il est absurde de laisser les terres à blé plus ou moins sales, afin qu'après la récolte les moutons y trouvent de quoi paître. Avec un bon système de culture, d'une part, la terre qui vient de porter une céréale doit être si propre, qu'il y poussera peu de mauvaise herbe; de l'autre, le sol doit être immédiatement déchaumé pour recevoir une semaille de navets en récolte dérobée, ou bien il a dû recevoir une semaille de trèfle et devenir une prairie artificielle temporaire, en attendant le moment d'y remettre la charrue. Il y a pourtant dans les pays à moutons bien des fermes où les terres restent en jachères ou salies à dessein par la mauvaise herbe, parce qu'on ne connaît rien de mieux pour faire subsister les troupeaux, sans cesse tourmentés par la faim.

### Pâturages les meilleurs pour les moutons.

Les pâturages où le mouton est réellement à sa place sont ceux dont le sol est ou trop maigre ou trop peu profond pour qu'il soit avantageux de le livrer habituellement à la charrue. C'est dans les fermes où, près des terres d'une fertilité moyenne, se trouve une certaine étendue de terrains de cette nature, qu'il est le plus facile et le plus avantageux de nourrir des moutons au pâturage. Sur un labour de printemps très-superficiel, ou même sans labour, sur un simple hersage croisé, on sème à la volée des graines de graminées appropriées à la qualité du sol, à l'exposition et au climat local. La *fétuque* des brebis, le *fromental*, la *houque laineuse*, réussissent bien dans les terres maigres peu profondes en les associant au *trèfle blanc*, particulièrement recherché des bêtes ovines. Un point très-important pour la santé des moutons, c'est que, pendant les jours les moins mauvais de l'hiver, où il est possible de les conduire au pâturage, ils y puissent trouver toujours un peu de *nourriture verte*, comme dit le berger, afin de se remettre les organes digestifs, plus ou moins fatigués par l'usage exclusif et longtemps prolongé des fourrages secs. Aucune plante n'est comparable, sous ce rapport, à la *pimprenelle*, dont la graine lève sur le sol le moins fertile, sans préparation préalable, et dont l'hiver n'interrompt pas la végétation.

## Quantité de nourriture que peut donner un pâturage.

Il n'y a qu'un berger expérimenté qui puisse estimer avec assez de précision le nombre de rations qu'un pâturage peut fournir; il doit aussi calculer ce que les moutons trouvent le long des chemins, en allant de la ferme au pâturage, changer de route pour donner au gazon le temps de se regarnir, et prévenir toujours à temps le propriétaire du troupeau du moment où telle ou telle partie du pâturage ne fournira plus rien aux moutons.

## Pâturage des prairies.

Il est rarement avantageux de mettre les moutons dans les prairies où vont les bêtes à cornes, à moins qu'ils ne soient de grande race à laine longue, ou bien qu'ils ne soient en voie d'engraissement. Si, par nécessité, faute d'autres ressources, on est obligé de mettre les moutons dans des prairies humides détrempées par la pluie, ils en gâtent la surface par le piétinement, et risquent de contracter la maladie du piétain; c'est donc une nécessité qu'il ne faut subir qu'à la dernière extrémité. Quand la prairie est durcie par une belle gelée et qu'il y reste un peu d'herbe sèche, plus semblable à de la paille qu'à du foin, on peut la faire parcourir par les moutons; ils ne rebutent pas ce mauvais fourrage, dont l'usage prolongé leur serait nuisible, mais qui, pris passagèrement, ne leur cause aucun préjudice.

### Moment de livrer les pâturages aux troupeaux.

Lorsqu'il y a, dans une ferme à moutons, abondance de ressources pour faire vivre le troupeau au pâturage, on peut ne livrer chaque portion au parcours des moutons qu'au moment précis où ils y trouvent la meilleure nourriture ; c'est celui où le plus grand nombre des plantes fourragères est en pleine floraison. L'herbe pâturée trop jeune contient trop d'eau ; elle relâche les moutons et les nourrit trop peu ; l'herbe à demi séchée sur pied par excès de maturité a perdu une partie de ses propriétés nourrissantes. Il y a très-souvent défaut de soin et d'attention de la part du fermier et du berger, quand, faute d'avoir ménagé les ressources fourragères de chaque pâturage et d'avoir fait pâturer chaque portion au moment le plus opportun, on est réduit à nourrir trop longtemps le troupeau à la bergerie, nécessité ruineuse, qu'il faut toujours chercher à prévenir.

### Nourriture du troupeau à la bergerie.

La ration des moutons qui ne vont plus au pâturage est réglée d'après le volume et les besoins de chaque race. D'après les agronomes les plus expérimentés, il faut à une brebis, pour la maintenir en bon état, une ration composée d'un kilogramme de bon foin de prairie naturelle ou artificielle (le foin de trèfle est le meilleur), deux cent cinquante grammes de son et autant d'avoine, qu'on peut remplacer par des graines de légumineuses concassées (pois, fèves, jarosses) et deux kilogrammes de racines fourragères coupées. Cette ration convient aux brebis de taille moyenne, plutôt fortes que petites; elle doit être moindre pour celles des petites races, qui, trop nourries, engraisseraient et ne donneraient plus d'agneaux; elle est un peu trop faible pour les brebis de race flamande à grande laine.

### Approvisionnement pour cent moutons.

En partant de ces données et comptant sur cent jours d'hivernage, durée moyenne du temps que le troupeau passe à la bergerie sous le climat de la France centrale, il faut, pour un troupeau de cent bêtes, dix mille kilogrammes de bon fourrage sec, deux mille cinq cents kilogrammes de son, autant d'avoine ou de graines de légumineuses, et vingt mille kilogrammes de racines fourragères. L'approvisionnement indiqué est un minimum. L'hivernage sous un climat aussi inconstant que le nôtre peut toujours se prolonger au delà des prévisions et mettre le fermier imprévoyant dans les plus cruels embarras pour la nourriture de son troupeau à la bergerie.

Il ne faut jamais laisser manger en même temps, que les moutons de même taille et de même force; les jeunes agneaux sevrés et les antenois peu vigoureux, s'ils mangeaient avec les bêtes adultes, seraient privés de la plus grande partie de leur ration par la voracité de leurs camarades, contre lesquels ils ne pourraient se défendre.

### Nature des aliments pour l'hivernage des moutons.

Les charges de l'hivernage du troupeau peuvent être fort allégées lorsqu'on est en mesure de varier les aliments des moutons à la bergerie, et qu'on dispose d'une provision de bonnes racines fourragères, suffisante pour qu'ils en reçoivent tous les jours. Alors on peut sans inconvénient remplacer la moitié du fourrage sec par de la paille hachée; celle d'avoine est la meilleure. Les moutons mangent avec plaisir, une fois ou deux par semaine, des feuilles de chou, à la dose d'environ deux cent cinquante grammes par tête; les éleveurs de moutons cultivent à cet effet le *chou branchu* et le *chou à mille têtes du Poitou*, qui ne gèlent pas, ne forment pas de pommes et peuvent être successivement dépouillés de leurs feuilles pendant tout l'hiver, qui n'arrête pas leur végétation.

Parmi les racines fourragères, la plus aqueuse est le *navet*, la plus nourrissante le *panais*, moins cultivé qu'il ne devrait l'être. Les moutons mangent également le *topinambour*, grande ressource fourragère des terrains pauvres, la *carotte*, à peu près égale au panais en valeur nutritive, et la *betterave*, dont la saveur sucrée leur est particulièrement agréable. Ces racines ne doivent leur être distribuées que coupées et mêlées au fourrage haché. Si l'approvisionnement de racines ne permet pas d'en donner à tout le troupeau, on les réserve pour les agneaux récemment sevrés, auxquels ce genre d'aliments est particulièrement utile.

## Sel.

Lorsqu'on peut donner du sel aux bêtes à laine, elles s'en trouvent si bien, qu'on doit toujours chercher à leur en procurer au moins de temps à autre. Dans beaucoup de grandes fermes à moutons, on ne les rationne pas à cet égard; de gros blocs de sel gemme brut sont posés comme deux bornes aux deux côtés des portes de la bergerie; les moutons lèchent ces blocs en entrant et en sortant, et en prennent ce qu'ils peuvent; quand il n'y en a plus, on en remet d'autres. Ce mode de distribution du sel est très-défectueux; il vaut beaucoup mieux mêler le sel à la ration des moutons et le leur donner avec le son, les grains concassés ou le tourteau pilé; on peut aussi en saupoudrer les racines coupées mêlées à leur fourrage haché. La dose est de cinq grammes par tête pour les moutons adultes de taille moyenne; les agneaux n'en doivent recevoir que la moitié de cette dose.

## Boisson.

Tant que les moutons sont nourris à la bergerie et que le fourrage sec est la base de leur nourriture, il faut qu'ils boivent souvent; l'eau des baquets dans lesquels ils s'abreuvent doit être renouvelée tous les jours. Pour peu que l'eau dont on dispose ne soit pas parfaitement saine, il y faut ajouter du sulfate de fer (vitriol vert), à la dose de cinquante grammes par hectolitre; ce sel coûte si peu, que la dépense à ce sujet est insignifiante.

Durant les fortes chaleurs, quoique le troupeau vive en plein air, on a soin de l'abreuver dans des baquets, en ajoutant à l'eau disposée à se corrompre en cette saison, de l'acide sulfurique, à raison de cent grammes par hectolitre.

# CHAPITRE VI.

## LE PARC ET LA BERGERIE.

Les parcs à moutons. — Leurs clôtures. — Claies. — Treillages. — Filets. — Fils de fer. — Dimensions des parcs. — Nourriture des moutons au parc. — Effets fertilisants du parcage. — Cabane mobile du berger. — La bergerie. — Hangar tenant lieu de bergerie. — Dimensions de la bergerie. — Sa hauteur. — Ventilation. — Précautions contre les loups. — Contre les accidents. — Râteliers. — Mangeoires. — Tenue de la bergerie. — Litière. — Sable ou terre sèche substitué à la litière.

### Les parcs à moutons.

La facilité de faire passer successivement un troupeau, au moyen du *parcage*, sur les diverses parties d'un champ, afin qu'il y dépose son engrais, est, sans contredit, le plus grand avantage que puisse offrir à l'agriculture l'entretien des moutons. Cet avantage n'est réel que quand le troupeau est bien nourri ; s'il souffre plus ou moins de la disette, il produit peu d'engrais, et le parcage ne donne pas, comme fumure, les résultats qu'on est en droit d'en attendre. Le parc à moutons est un enclos temporaire formé, selon les ressources locales, de barrières mobiles en bois à claire-voie, de claies d'osier brun, de filet en cordes goudronnées tendues sur des cadres de bois, ou de grillage en fil de fer à larges mailles ; ces derniers parcs sont les plus chers, mais aussi les plus faciles à déplacer et les plus durables. Le soin de déplacer les parcs à moutons regarde le berger; il doit vaquer à cette besogne avec beaucoup de discernement, sans quoi tout l'effet utile du parcage pour la fumure des terres peut être manqué. La forme la meilleure à donner aux parcs est celle d'un carré très-allongé; quand le parc est presque aussi large que long, il est difficile au berger de faire stationner tour à tour tous ses moutons sur les différents points du terrain que leur engrais doit fertiliser; cela est très-facile, au contraire, dans un enclos long et étroit.

### Dimensions des parcs.

Les dimensions du parc pour un nombre déterminé de moutons varient selon la taille des races et la manière dont elles sont nourries. Pour les plus petites races, on donne à cent moutons parqués deux cents mètres carrés de terrain; on en donne quatre cents mètres aux moutons des plus grandes races. C'est au berger à juger du moment où le sol a reçu du parcage assez d'engrais pour que le parc doive être déplacé.

### Nourriture des moutons au parc.

En France, l'usage général est de faire entrer les moutons dans le parc après qu'ils ont pris au pâturage leur ration journalière; en Angleterre, on parque souvent les moutons sur un champ dans lequel ils doivent prendre leur nourriture. Si, par exemple, on a cultivé des navets en lignes et que la moitié seulement de la récolte soit destinée à l'approvisionnement d'hiver, on arrache deux lignes et l'on en laisse deux en place alternativement sur toute la surface du champ, puis on place les parcs. Les moutons commencent par brouter les feuilles des navets ; ils attaquent ensuite les navets eux-mêmes, qu'ils arrachent très-adroitement en enfonçant leurs dents près du collet de la racine et rejetant la tête en arrière. Quand cette manœuvre ne réussit pas, ce qui arrive quelquefois, ils mangent de la racine tout ce que leurs dents en peuvent atteindre et laissent le reste sur place. Le berger passe dans les lignes, armé d'une binette à l'aide de laquelle il arrache tous les navets entamés et les met à la disposition des moutons.

### Effet fertilisant du parcage.

Au point de vue de la puissance fertilisante du parcage, on dit vulgairement dans les pays à moutons qu'*un bon parc vaut une demi-fumure*. On voit qu'il n'y a rien de précis dans cette assertion ; la quantité d'engrais fournie par les moutons au parc est essentiellement variable ; elle ne peut être évaluée qu'à peu près.

Le berger couche dans le parc de ses moutons ; il a pour domicile une petite cabane portée sur des roulettes et munie d'un timon qui permet au berger de la changer de place à volonté. La disposition intérieure de la cabane permet d'y placer un lit et les divers ustensiles à l'usage personnel du berger, y compris son fusil à deux coups et ses munitions de guerre et de bouche ; les chiens couchent sous la cabane du berger.

## La bergerie.

Il importe essentiellement au bien-être du troupeau qu'il soit bien logé pendant tout le temps qu'il ne passe pas en plein air. Cette expression, *bien logé*, diffère d'acception selon les conditions économiques de chaque région agricole. Dans le Midi, les moutons transhumants ne sont presque jamais logés ; néanmoins les cultivateurs qui louent aux bergers des troupeaux transhumants ce qu'on nomme les *herbes d'hiver*, c'est-à-dire le droit de faire paître les moutons sur toutes leurs terres non emblavées, de la fin de l'automne au commencement du printemps, ont tous une bergerie, qu'ils garnissent amplement de litière afin de profiter du fumier.

## Hangar tenant lieu de bergerie.

Sous le climat de toute la France méridionale, la bergerie pourrait n'être qu'un simple hangar, d'une étendue proportionnée au nombre des moutons ; ce hangar, ouvert au midi, fermé des trois autres côtés d'un mur léger en pisé, surmonté d'un toit couvert en chaume, soutenu par une légère charpente, est très-peu coûteux à établir ; les moutons y sont mieux logés que partout ailleurs, dans des conditions tout à fait appropriées à leur tempérament. Sans la crainte des loups, dans le voisinage des forêts, il ne faudrait pas d'autres bergeries que des hangars de ce genre dans tous nos départements, du littoral de la Méditerranée au bassin de la Loire. Dans cette vaste région, les hivers sont peu rigoureux; d'ailleurs, dans un troupeau de moutons, aucun animal ne meurt de froid, s'il est suffisamment nourri et tenu à couvert : cela suffit amplement.

Bergerie-hangar.

A partir du bassin de la Loire, les bergeries sont indispensables; il n'y a plus de transhumance; le pays est plus boisé, par conséquent les loups sont plus nombreux; les hivers, même lorsqu'ils ne sont pas très-sévères, sont excessivement humides; il est de plus en plus nécessaire que les moutons soient bien logés; cette nécessité devient plus impérieuse à mesure qu'on se rapproche de notre frontière du Nord.

### Dimensions de la bergerie.

Le mouton, étant essentiellement destiné à passer sa vie en plein air, a besoin, avant tout, d'un logement bien aéré et suffisamment spacieux. D'après les saines données de l'hygiène, il faut à une brebis mère, ayant un agneau à nourrir, un espace de trois mètres cinquante centimètres carrés dans la bergerie ; il faut deux mètres cinquante à un bélier et deux mètres seulement à un mouton. C'est sur cette base que devrait être calculée la surface intérieure de chaque compartiment de la bergerie. Le plus souvent, par défaut d'espace, les bêtes ovines sont entassées les unes sur les autres ; on ne prend même pas toujours la peine de séparer dans des compartiments isolés les brebis mères, les béliers, les moutons et les antenois ; tous ces animaux se gênent réciproquement et vivent dans un pêle-mêle déplorable qui n'a jamais d'excuse ; car il est toujours facile et peu dispendieux d'établir dans la bergerie des séparations en nombre suffisant, au moyen de claies ou de treillages empruntés au parc à moutons.

Il est fort important que la bergerie, quelle que soit son étendue, soit suffisamment élevée ; la hauteur du sommet du toit au niveau du sol ne peut pas être moindre de quatre mètres. Si le bâtiment servant de bergerie est en pierres ou en briques, et qu'il soit surmonté d'un grenier à foin, cette hauteur de quatre mètres doit être comptée du sol au plafond.

### Ventilation.

L'une des premières conditions que doit réunir une bonne bergerie, c'est une bonne ventilation. Des ouvertures cintrées, en regard les unes des autres, fermées à volonté par des volets à deux battants, remplissent très-bien cette destination. En été, ces volets restent constamment ouverts quand les moutons ne sont pas tous au parc ; en hiver, on les ouvre

plus ou moins, selon les besoins de la ventilation intérieure. Quelle que soit la forme des ouvertures ména-
gées pour le renouvellement de l'air, elles doivent être
à une hauteur telle, que les courants d'air froids ou
humides ne puissent tomber directement sur les moutons.

### Précautions contre les loups.

Dans chaque ferme à moutons, conformément aux
ressources locales, on fait non pas le mieux possible,
mais le mieux qu'il est possible, pour loger le troupeau durant la mauvaise saison; il faut surtout, s'il
y a des loups dans les environs, que les moutons
soient à l'abri de leurs attaques dans la bergerie.
Dans ce cas, les ouvertures servant à la ventilation
seront fermées de solides barreaux de fer, et le toit,
au lieu d'être en chaume, sera couvert de tuiles ou
d'ardoises. Les loups, en prenant leur élan, savent
très-bien grimper sur un toit de chaume couvrant
une bergerie, y faire un trou et s'introduire dans
l'intérieur.

### Précautions contre les accidents.

La plupart des bergeries, même les mieux construites,
sont trop larges et fermées de murs trop légers pour
que la charpente du bâtiment puisse être supportée
par ces murs seulement; de solides montants en charpente, occupant le milieu de la bergerie, offrent au
toit un soutien supplémentaire. Les angles de ces montants, de même que ceux des portes, doivent être adou-

cis et arrondis, sans quoi les brebis pleines, poussées contre ces angles par les autres bêtes ovines, pourraient y être assez grièvement blessées pour avorter ; les accidents de ce genre sont faciles à prévenir par le moyen indiqué.

### Râteliers-mangeoires.

La dépense pour garnir de râteliers une bergerie est si peu importante en elle-même, qu'on s'étonne de voir dans tant de bergeries des râteliers d'une étendue tout à fait insuffisante. C'est ce qui a lieu lorsque les râteliers sont seulement fixés autour des murs, ce qui ne les rend abordables que d'un côté. Il faut que le milieu de la bergerie soit occupé sur toute sa longueur par un râtelier double, en avant duquel une tablette à rebord fait l'office de mangeoire pour les distributions de son, de grain et de tourteau mêlé de sel.

Il n'y a que des mangeoires en forme d'auges d'une hauteur proportionnée à la taille des animaux, dans les fermes trop peu nombreuses, malheureusement, où l'on ne distribue aux moutons que des fourrages hachés et des racines coupées ; les râteliers dans ce cas deviennent superflus. Bien que le proverbe dise : *Doux comme un mouton*, les moutons n'ont pas toujours à l'égard les uns des autres un très-bon caractère ; beaucoup d'entre eux sont très-peu endurants, surtout quand il s'agit des vivres. Si les râteliers ou les mangeoires n'ont pas une longueur suffisante pour que chaque animal y puisse manger sa ration à son aise, les querelles seront fréquentes, et il en pourra résulter des accidents, même quand on aura pris la précaution de réunir dans le même compartiment de la bergerie les animaux de même taille et de force à peu près égale.

## Tenue de la bergerie. — Litière.

La bergerie est rarement tout à fait vide; il y a presque toute l'année des malades, des nourrices, des bêtes en voie d'engraissement, qui n'accompagnent pas le troupeau au pâturage et doivent garder la maison. La bergerie doit être nettoyée assez souvent pour qu'il n'y règne jamais cette odeur ammoniacale insupportable et malsaine qui, dans les bergeries mal tenues et mal ventilées, résulte du fumier des bêtes ovines et de leur transpiration.

Quand le troupeau passe à la bergerie la nuit et une partie de la journée, le fumier doit en être enlevé au moins tous les quinze jours, en profitant, pour un nettoyage à fond, du moment où le troupeau est dehors. Pour suivre cette méthode, il faut donner aux moutons une litière abondante souvent renouvelée; on en est amplement payé par l'abondante production du fumier.

## Sable ou terre sèche substituée à la litière.

On sait que le sable siliceux pur, ou *sablon*, est par lui-même un excellent amendement pour les terres où l'argile est en grand excès; cet amendement devient le meilleur des engrais lorsqu'au lieu de paille pour litière on étend dans la bergerie une couche épaisse de sable, qui ne tarde pas à être mêlée au crottin des moutons et imbibée de leur urine; elle est alors enlevée et renouvelée. A défaut de sable, on peut substituer à la litière de la terre sèche, qu'on reporte sur les champs où on l'a prise, après que les déjections solides et liquides des moutons l'ont changée en un excellent engrais, facile à répandre très-également sur toute la suface des champs qui doivent être emblavés. Ce genre de litière n'a d'autre inconvénient que celui de rendre les toisons excessivement sales.

# CHAPITRE VII.

## ENGRAISSEMENT DES MOUTONS.

Engraissement des moutons. — Choix des moutons pour l'engraissement. — Moutons préférables aux brebis. — Dans quelles conditions l'engraissement des brebis est avantageux. — Engraissement au pâturage. — Ration d'engraissement. — Estimation des rations contenues dans une prairie. — Engraissement de pouture à la bergerie. — Régularité des distributions. — Moment où les moutons gras doivent être vendus. — Engraissement des agneaux. — Valeur du fumier des moutons à l'engrais.

Il est toujours avantageux pour l'éleveur de bêtes ovines sur une grande échelle, de ne vendre que des moutons gras ; mais c'est ce que les ressources locales ne permettent pas toujours ; dans tous les pays d'élève du mouton où l'éleveur ne peut pas engraisser ses moutons lui-même, il y a de grandes foires où l'on amène par milliers des antenois ou des moutons de trois à quatre ans, qui sont vendus aux fermiers des pays plus fertiles ; ceux-ci les engraissent et les livrent aux boucheries des grandes villes.

### Choix des moutons pour l'engraissement.

En général, il est plus avantageux d'engraisser des moutons castrés jeunes et en bon état au moment où l'engraissement commence, que d'engraisser des brebis, dont la chair a toujours moins de valeur. Néanmoins, aux environs de Paris, de Lyon et de Marseille, beaucoup de cultivateurs engraissent de préférence des brebis et y trouvent très-bien leur compte ; voici comment. Aux grandes foires à moutons des pays d'élève, ils achètent de jeunes brebis pleines, de leur premier ou, tout au plus, de leur second agneau. Ces brebis, bien nourries pendant la gestation, donnent de beaux agneaux, qu'on leur laisse allaiter jusqu'à ce qu'ils soient bons à livrer à la boucherie. Alors les brebis sont engraissées à leur tour, et, quoique leur viande sur pied se vende moins cher que celle des moutons, le bénéfice important réalisé sur la vente des agneaux rend en définitive le résultat de l'engraissement très-avantageux. C'est à un producteur à consulter les circonstances et à se déterminer d'après les facilités qu'elles peuvent lui offrir pour tirer parti des animaux engraissés.

On sait, pour l'engraissement des bêtes ovines, deux méthodes principales : l'*engraissement au pâturage* et l'*engraissement à la bergerie*. Ce dernier mode est désigné sous le nom d'*engraissement de pouture*. Avant de se déterminer pour l'une ou l'autre de ces deux manières d'engraisser les bêtes ovines, il faut s'être rendu un compte exact des ressources dont on dispose en aliments propres à l'opération qu'on veut entreprendre.

### Engraissement au pâturage.

Ce mode d'engraissement est surtout profitable lorsqu'on ne dispose pas d'un fort approvisionnement de racines fourragères, de graines légumineuses et d'autres aliments substantiels propres à engraisser les moutons, et qu'on a, au contraire, de vastes prairies à regain, naturelles ou artificielles, dans un canton où les fourrages sont à bas prix et où la vente en est difficile. En pareille circonstance, il faut premièrement se demander ce qu'une prairie peut donner de rations d'engraissement. L'évaluation à faire à ce sujet est moins difficile qu'il ne semble au premier abord. Avec un peu d'expérience de l'exploitation des prairies, on sait à très-peu de chose près ce qu'un hectare peut rendre en première coupe ou en regain. S'agit-il d'un trèfle ou d'une luzerne? l'estimation est encore plus facile que pour une prairie naturelle; le cultivateur, à l'aspect de la végétation, peut dire, à très-peu de chose près, le poids du fourrage frais qu'on peut y couper : ce poids divisé par cinq répond à celui du même fourrage sec. C'est en foin sec que doivent toujours être évaluées les rations de toute espèce de bestiaux, si l'on veut opérer autrement qu'au hasard et savoir où l'on va ; c'est le seul moyen de ne pas éprouver de mécomptes.

### Ration d'engraissement au pâturage.

La ration d'engraissement d'un mouton est de huit pour cent de son poids en bon fourrage sec. En pesant un lot de dix moutons pris parmi ceux dont la taille est la moyenne de celle du troupeau, on a une approximation assez exacte du poids des animaux au début de l'opération. Ce poids étant supposé de quinze kilogrammes, cent moutons pèseront quinze cents kilogrammes, ce qui donne, à huit pour cent, cent vingt kilogrammes de foin sec pour la consommation d'une journée. Si la prairie sur laquelle ils doivent être engraissés contient en fourrage frais environ douze mille kilogrammes qui représentent deux mille quatre cents kilogrammes de foin sec par hectare, il s'ensuit qu'un hectare de ce pâturage peut fournir aux cent moutons vingt rations d'engraissement, ou dix rations à un troupeau de deux cents têtes.

Si l'évaluation porte sur une prairie artificielle de luzerne, il faut tenir compte du fourrage qui repoussera pendant le cours de l'engraissement, sur les parties qui auront été pâturées en premier lieu. Dans ce cas, le soin de diriger les moutons à l'engrais sur la prairie artificielle ne pourra être confié qu'à un berger très-expérimenté ; pour peu qu'il permette à ses bêtes d'obéir sans discrétion à leur appétit, elles pourront se donner fréquemment des indigestions mortelles, ce qui emportera tout le profit de l'opération. Les moutons les mieux choisis ayant toujours des dispositions inégales à prendre la graisse, il faut les visiter fréquemment pour ne pas garder inutilement au pâturage ceux qui sont assez gras et qu'il est temps de livrer à la boucherie. La durée de l'engraissement au pâturage varie dans des limites assez étendues, selon les races des moutons et la nature du fourrage frais mis à leur disposition. L'avantage capital de ce mode d'engraissement des moutons, c'est qu'il peut être pratiqué sur des prairies artificielles dont les dernières pousses, trop courtes pour être fauchées, ne peuvent pour ainsi dire pas être utilisées d'une autre manière, et dont, en

réalité, la valeur vénale est très-faible ou tout à fait
nulle.

### Engraissement de pouture.

Avant d'entreprendre d'engraisser des moutons de
pouture à la bergerie, il faut calculer exactement ce
qu'ils mangeront, ce qu'on espère leur faire gagner
en poids vivant, et comparer la valeur de leur accroissement en poids avec la valeur vénale des aliments qu'ils devront consommer. Cette dernière partie de l'évaluation n'est pas toujours facile. Il existe
bien dans plusieurs traités d'économie rurale des
*tables d'équivalents*, où les divers aliments que peuvent consommer les bestiaux sont estimés en foin sec;
mais, d'une part, elles se contredisent entre elles; de
l'autre, les graines de légumineuses, le son, les tour-
teaux et les racines fourragères n'ont pas partout et
toujours la même valeur nutritive. Il faut donc, pour
ne pas commettre de trop graves erreurs, apporter
dans ce genre de calcul la plus sévère attention. Ce
premier point établi, les bêtes à l'engrais sont placées,
soit dans un local isolé, soit dans un compartiment de
la bergerie où rien ne les trouble et où elles peuvent,
dans le calme et l'obscurité, dormir paisiblement après
avoir mangé. La plus grande régularité dans les heures
des distributions est une des conditions les plus importantes du succès; rien ne retarde l'engraissement
comme l'agitation qu'éprouvent les moutons quand
leurs repas se font attendre. Les moutons à l'engrais
doivent boire d'autant plus souvent, que l'on doit ajou-

ter à tous leurs aliments une petite quantité de sel, tant pour faciliter leur digestion que pour soutenir leur appétit.

Il faut vendre les moutons engraissés de pouture à mesure qu'ils deviennent suffisamment gras; cette nécessité est encore plus urgente pour les moutons à la bergerie que pour les moutons engraissés au pâturage; ceux-ci vivant au grand air, leur santé, malgré un excès d'embonpoint, n'est pas compromise; ils peuvent plus ou moins attendre, bien que l'engraisseur ait tout intérêt à ne pas les conserver. Les moutons gras, à la bergerie, risquent de contracter diverses maladies, s'ils ne sont pas vendus et abattus à mesure qu'ils atteignent le degré de graisse qui peut leur donner leur maximum de valeur vénale.

### Engraissement des agneaux.

Lorsqu'on désire tirer tout le parti possible des agneaux destinés à la boucherie, il faut les engraisser. Dans les grandes bergeries peu éloignées des villes populeuses, on fait deux lots des agneaux dont on a ménagé la naissance pour janvier et février, afin qu'ils puissent être vendus vers l'époque de Pâques, du 1<sup>er</sup> au 15 d'avril. Ceux qu'on veut élever sont sevrés à deux mois, alors qu'ils peuvent commencer à se nourrir au pâturage; on leur donne en même temps un peu de farine de graines légumineuses dans leur boisson. Il en résulte que les mères ayant encore tout leur lait n'ont plus à nourrir que la moitié des agneaux formant le second lot réservé pour la boucherie. Ayant du lait à discrétion, ce qui ne peut manquer quand les mères sont suffisamment nourries, ces agneaux deviennent, en peu de temps, excessivement gras; leur prix, à poids égal, est d'un tiers plus élevé que celui des agneaux vendus sans avoir été engraissés.

## Fumier des moutons à l'engrais.

Il faut faire entrer en ligne de compte parmi les bénéfices de l'engraissement des bêtes ovines la quantité et la qualité de leur fumier, plus abondant et doué de plus d'énergie fertilisante que celui des moutons nourris seulement à la ration d'entretien. Si le fermier, en vendant ses moutons gras, réalise seulement la même somme d'argent qu'il aurait touchée s'il avait porté au marché les aliments qu'il leur a fait consommer, et qu'il lui reste le fumier pour bénéfice net, il doit se tenir pour satisfait; mais, quand il a opéré avec intelligence, selon les circonstances et la nature des conditions économiques de sa localité, il peut être certain d'avoir, outre le fumier, une rentrée importante en argent, comme résultat assuré de l'engraissement des moutons.

# CHAPITRE VIII.

### MODES DE FAIRE VALOIR UN TROUPEAU.

Divers régimes de l'élevage des troupeaux en France. — Troupeaux des grandes fermes. — Améliorations faciles à introduire dans ces troupeaux. — Troupeaux des éleveurs qui ne cultivent pas. — Avantages de ce système pour le fermier et pour l'éleveur. — Troupeaux en cheptel. — Condition ordinaire du cheptel. — Partage des produits. — Stabulation des moutons. — Ses avantages dans la petite culture.

**Divers régimes de l'élevage des moutons en France.**

La propriété et l'exploitation des troupeaux de bêtes ovines sont soumises en France à des régimes très-divers, selon le genre de culture approprié à chacune de nos régions agricoles où l'élève des moutons est possible et profitable. Dans les pays de grande culture où le plus grand nombre de fermes comprend au delà de cent hectares de terres arables ou de prairies, le troupeau est exclusivement la propriété du fermier; il en dispose comme il l'entend, l'augmente ou le diminue à son gré selon qu'il y trouve son avantage, et n'est soumis au contrôle de personne quant à la manière dont il gouverne ses moutons.

### Troupeaux des grandes fermes.

Les plus beaux et les meilleurs moutons qui soient en France, soit pour la production de la laine, soit pour celle de la viande, sont soumis à ce régime; ils sont exclusivement la propriété des fermiers. Ceux-ci vendent habituellement à l'entrée de l'hiver la portion du troupeau qu'ils craignent d'avoir de la peine à bien nourrir pendant l'hivernage; quand leurs ressources fourragères augmentent au retour de la belle saison, ils savent où aller pour se procurer du jour au lendemain de quoi repeupler leurs bergeries. Dans les grandes fermes de cette catégorie, on fait peu d'élèves, ou du moins on élève un nombre d'agneaux relativement assez restreint; on en engraisse beaucoup; la spéculation principale porte sur l'entretien pendant un an ou deux de moutons achetés à l'état d'antenois, sur lesquels on prend habituellement deux toisons avant de les engraisser.

Les troupeaux de ces grandes exploitations sont essentiellement sédentaires; nés dans les pays d'élève, ils ne voyagent que des champs de foire de ces pays aux fermes où ils complétent leur croissance ou leur engraissement, et d'où ils sont conduits à l'abattoir.

Comme rien n'entrave les fermiers dans la direction de leurs troupeaux, et qu'il se trouve en outre dans les pays de grande culture un nombre assez considérable de propriétaires cultivateurs faisant valoir eux-mêmes leur propre domaine, c'est là que se réalisent en grand les principales améliorations, soit dans les méthodes d'élevage des bêtes ovines, soit dans les races elles-mêmes par les croisements et l'introduction des meilleurs reproducteurs.

### Troupeaux des éleveurs qui ne cultivent pas.

Dans plusieurs départements, les troupeaux appartiennent à des spéculateurs qui ne sont pas cultivateurs, ne possèdent ni ne louent aucun terrain cultivable, et s'occupent exclusivement de leur troupeau, lequel est souvent composé de plusieurs centaines de bêtes ovines. Celui qui fait cet utile emploi de son capital, sans jamais devenir fermier lui-même, entre en arrangement avec les fermiers dont les exploitations peuvent nourrir un troupeau; il paye une redevance par tête de bêtes ovines au fermier, ou bien il lui achète au prix courant du pays les fourrages et les autres aliments nécessaires au troupeau. De toute manière, ces arrangements sont favorables au fermier qui vend, sans être obligé de les porter au marché, des denrées consommées chez lui, sur son terrain, et dont une partie est convertie en fumier qui profite intégralement aux terres de son exploitation. Si, comme il arrive le plus souvent, le fermier ne dispose que tout juste du capital indispensable pour faire marcher son exploitation, il lui est très-utile d'entrer en rapports avec un homme qui met un troupeau dans sa ferme, sans qu'il ait rien à débourser. De son côté, le propriétaire du troupeau n'est pas assez riche pour exploiter à la fois un troupeau et une ferme. Il prend à ses gages un berger qui n'a de compte à rendre qu'à lui; la vente des laines et des bêtes d'élève lui produit de quoi payer au fermier les denrées que celui-ci fournit au troupeau; la valeur du fumier paye largement la litière et le loyer de la bergerie; ce mode de faire valoir un troupeau donne, tous frais payés, des bénéfices suffisants à ceux qui le mettent en pratique avec soin et intelligence. Il est surtout usité dans les pays d'élève; rarement la spéculation est poussée jusqu'à l'engraissement qui ne s'accorde pas avec l'état de l'agriculture des pays où cette manière de diviser les frais de l'élevage des bêtes ovines est le plus usitée; on peut dire que, sans elle, il n'y aurait pas de troupeaux sur une vaste étendue de notre territoire où les moutons rendent à l'agriculture les plus signalés services.

### Troupeaux en cheptel.

Un troisième mode d'exploitation des troupeaux de moutons est usité sur une grande partie de notre territoire où règne exclusivement le régime du métayage sous diverses formes. Là, les moutons sont donnés au cultivateur par le propriétaire à titre de *cheptel*. Les conditions ordinaires du cheptel concilient assez bien les intérêts des deux parties. Les moutons livrés au métayer pour un temps déterminé, pour trois ans, par exemple, sont estimés; pendant la durée du temps convenu, le propriétaire et le métayer prennent chacun la moitié du *croît*, c'est-à-dire des agneaux, et de la laine au moment de la tonte. A l'expiration du terme, si les moutons ont augmenté de valeur par engraissement, la moitié de l'augmentation revient au propriétaire; dans le cas contraire, la perte est également partagée des deux côtés.

Ce système offre plusieurs avantages et de nombreux inconvénients; il se soutient depuis des siècles, uniquement parce que là où il est en vigueur, il est à peu près le seul possible. Dans les pays de grande culture, le fermier, souvent plus riche que le propriétaire, n'est point embarrassé pour l'achat et l'entretien d'un troupeau d'une importance proportionnée à celle de son exploitation; c'est là que les troupeaux sont les plus beaux et les mieux tenus. Dans les pays de moyenne culture, le fermier n'a pas assez d'argent pour avoir un troupeau; c'est alors, comme on vient de l'exposer, qu'il doit s'entendre avec un homme qui n'est qu'éleveur de moutons, et qui ne possède que le capital nécessaire à son industrie d'éleveur. Mais, dans les pays de métayage, le cultivateur ne possède aucun capital; il n'a que ses bras pour travailler; si le propriétaire du sol ne lui faisait pas les avances nécessaires pour sa culture, la terre ne serait pas cultivée du tout. Il faut donc, de toute nécessité, que, partout où le métayage est en vigueur, les moutons soient tenus par le métayer à titre de cheptel, ou bien qu'il n'y ait pas de moutons.

### Partage des produits.

A l'époque de la tonte, la moitié de la laine en suint est remise au propriétaire ou à son représentant; le métayer livre de même les agneaux, à moins qu'il ne soit convenu avec le propriétaire qu'il les élèvera pour les vendre à l'état d'antenois, auquel cas, le prix en est partagé, comme l'auraient été les agneaux.

Sous le régime du cheptel ou du métayage, l'amélioration des races ovines n'est guère possible et n'est pas même tentée; mais plusieurs de nos bonnes races indigènes se soutiennent bien et donnent de très-bons produits; c'est ce qui a lieu toutes les fois que le métayer et le propriétaire vivent ensemble dans de bons rapports et s'entendent pour concilier leurs communs intérêts. Les troupeaux donnés à cheptel ne sont jamais très-nombreux; ils sont fréquemment conduits une partie de l'année sur les pâturages communaux par un berger communal qui s'en occupe le moins qu'il peut. Le métayer intelligent, lorsqu'il veut faire profiter son petit troupeau de la part qui lui revient dans le pâturage communal, en confie la garde à un enfant ou à une jeune fille de sa famille, qui prend assez d'intérêt aux moutons pour en avoir plus de soin que n'en prendrait le berger communal.

### Stabulation des moutons.

Dans le midi de la France, on commence à introduire chez les petits cultivateurs un usage très-répandu dans toutes les provinces du royaume de Sardaigne qui touchent à la France et à la Savoie; voici en quoi il consiste. A côté de l'habitation d'une famille de petits cultivateurs, on construit un hangar couvert en paille, ouvert du côté du midi, précédé d'un petit enclos de quelques mètres carrés de surface seulement. C'est le logement d'un lot de moutons de huit à douze têtes, qui n'en sortent jamais. On les nourrit abondamment; les enfants vont *faire de l'herbe* dans les lieux incultes et sur le bord des chemins; les moutons ont en outre les débris de l'habillage des légumes que produisent en grande quantité les ménages de petits cultivateurs. Etant abondamment pourvus de litière souvent renouvelée, ils donnent beaucoup de fumier, et deviennent par là la base de la prospérité de la petite culture.

Hangar à moutons.

Le petit troupeau ainsi tenu en stabulation permanente engraisse promptement; à mesure que les animaux sont gras, on les vend pour en acheter de maigres, qui sont renouvelés trois ou quatre fois par an. Si les ménages où cette excellente méthode est en vigueur tenaient une comptabilité quelconque, elle prouverait que ce sont de tous les moutons ceux qui donnent le plus de profit, par cela seul qu'on ne laisse rien perdre de leur précieux engrais, tandis que celui des grands troupeaux est en partie perdu le long des chemins. La production de la viande de mouton et de la laine serait doublée, en France, si, au lieu de faire chercher aux moutons sur les pâturages communaux une maigre subsistance qui les empêche à peine de mourir de faim, chaque famille de petits cultivateurs, dans les pays à moutons, pratiquait l'entretien d'un lot de huit à douze moutons en stabulation permanente sous un hangar, comme on vient de l'indiquer. Dans le Nord même, sous un abri semblable, les moutons souffriraient peu du froid; il serait d'ailleurs très-facile de fermer complétement leur habitation pendant la saison de l'année la plus rigoureuse.

# CHAPITRE IX.

## MALADIES DES MOUTONS.

Causes habituelles des maladies des moutons. — Maladies les plus fréquentes des bêtes ovines. — Gale. — Moyens de la combattre. — Clavelée ou claveau. — Ses caractères contagieux. — Clavélisation. — Sang de rate. — Rapidité de son invasion. — Saignée. — Pâturage nocturne. — Ses effets. — Cachexie aqueuse ou pourriture. — Ses causes. — Moyens à lui opposer. — Fièvre charbonneuse. — Pâturage dans les genêts — Émigration du troupeau. — Piétin. — Plaies accidentelles. — Fractures. — Écorchures. — Plaies envenimées. — Maladies que la loi regarde comme vices rédhibitoires. — Désinfection des bergeries.

### Causes habituelles des maladies des moutons.

Les maladies qui peuvent atteindre les bêtes à laine sont malheureusement très-nombreuses, et souvent elles causent dans les troupeaux une effrayante mortalité; mais presque toutes peuvent être prévenues par des soins hygiéniques, une bonne nourriture, la ventilation et la bonne tenue des bergeries, et la vigilance du berger à donner aux moutons les soins qu'ils réclament dès les premiers symptômes de l'invasion d'une maladie grave. Le plus souvent, les ravages exercés par la maladie parmi les bêtes ovines sont causés exclusivement par la négligence et l'incurie; on ne reconnaît l'existence du mal que quand il n'est plus temps d'y remédier.

### Maladies les plus fréquentes des bêtes ovines.

Les moutons sont principalement attaqués de la *gale*, de la *clavelée* ou *claveau*, du *sang de rate*, de la *cachexie aqueuse* ou *pourriture* et de la *fièvre charbonneuse*; toutes ces affections sont plus ou moins contagieuses : elles font trop souvent invasion en un moment dans tous les troupeaux d'un pays à moutons; elles prennent alors le nom d'*épizooties*.

### Gale.

La gale des moutons est causée par des insectes (*sarcoptes*) qui se logent et multiplient dans l'intérieur du tissu de la peau. Elle se communique inévitablement d'un animal à l'autre; la première précaution à prendre, c'est de séquestrer les moutons qui en sont atteints et de les tenir éloignés des autres tant que leur guérison n'est pas complète. Si l'on a laissé le mal atteindre un très-haut degré de gravité et s'étendre à la plus grande partie du troupeau, il faut recourir aux préparations arsenicales, remèdes efficaces, mais toujours dangereux, que le vétérinaire seul peut préparer et appliquer. Ces médicaments ont d'ailleurs l'inconvénient de gâter la laine pour un temps plus ou moins long. Le plus souvent, on peut éviter de s'en servir en examinant avec attention les moutons qu'on suppose pouvoir être atteints de la gale; sitôt qu'on en voit paraître les premiers signes, on se hâte de les laver avec une forte infusion de tabac à fumer, dit *tabac de caporal*. Cette infusion arrête les progrès du mal à sa naissance; son emploi n'expose les moutons à aucun danger, non plus que ceux qui les soignent, dangers très-sérieux chaque fois qu'il faut se servir des préparations arsenicales. Pour seconder l'effet extérieur des lotions d'infusion de tabac, on fait prendre en même temps aux moutons une bonne ration d'avoine saupoudrée de sel et d'un peu de fleur de soufre.

### Clavelée ou claveau.

La maladie de la clavelée est une des plus graves et des plus meurtrières de celles qui déciment les moutons; elle a pour symptômes la rougeur des yeux, l'abattement des animaux qui demeurent immobiles et perdent l'appétit, et enfin, de gros boutons sur toutes les parties privées de laine, ce qui a fait surnommer cette affection redoutable la *petite vérole des moutons*. Dès qu'elle se manifeste, il faut appeler sans retard le vétérinaire. La clavelée ou claveau n'a d'autre remède efficace que la *clavélisation* ou inoculation de la maladie à tout le troupeau dont quelques individus en sont atteints; les premiers frappés succombent le plus souvent; mais, grâce à la clavélisation, le reste est sauvé, par un traitement que tout vétérinaire sait appliquer avec succès.

### Sang de rate.

La maladie désignée sous le nom de *sang de rate* diffère de toutes les autres par la rapidité de son invasion. Un mouton en apparence bien portant en meurt en une demi-heure, un quart d'heure, en quelques minutes; quelquefois il tombe comme foudroyé et ne se relève pas. Elle a, le plus souvent, pour cause le séjour des moutons dans des bergeries malsaines et des courses trop rapides en été pendant les fortes chaleurs. Dès que quelques individus d'un troupeau meurent du sang de rate, le reste peut être considéré comme menacé du même sort; il faut, sans retard, faire saigner par le vétérinaire les moutons bien portants. Un moyen bien simple de prévenir le sang de rate, c'est de laisser jeûner le troupeau le soir et de le mener au pâturage pendant la nuit. L'herbe mouillée de rosée relâche les moutons, les rafraîchit et prévient l'invasion du sang de rate. Quant aux bêtes qui en sont frappées, le mal est sans remède.

### Cachexie aqueuse ou pourriture.

La *pourriture* ou *cachexie aqueuse* n'attaque guère les moutons que dans les pays où l'on commet l'imprudence de les conduire dans des pâturages marécageux ou de leur donner à la bergerie des fourrages provenant de ces pâturages. La mauvaise tenue des bergeries, le séjour prolongé des moutons sur du fumier humide d'urine et le défaut d'aération, sont les causes les plus fréquentes de cette maladie. On lui oppose avec succès des médicaments toniques, du fourrage sec de bonnes prairies saupoudré de sel, de l'eau rendue ferrugineuse par une faible dose de sulfate de fer. Lorsqu'elle se déclare avec trop d'intensité pour céder immédiatement à ces remèdes familiers, elle est exclusivement du ressort du vétérinaire.

### Fièvre charbonneuse.

L'invasion de la *fièvre charbonneuse* dans les troupeaux de bêtes ovines est quelquefois aussi prompte et aussi meurtrière que le sang de rate lui-même. On doit se hâter d'isoler les moutons qui en sont frappés et conduire, s'il se peut, le reste du troupeau deux ou trois heures par jour dans des pâturages où les genêts sont abondants. A défaut de cette ressource, on oppose avec succès aux progrès de la fièvre charbonneuse un mélange de sel, de charbon pilé et de racine de gentiane en poudre, répandu sur les rations de fourrage sec des moutons.

Quand la fièvre charbonneuse règne dans un canton, il est prudent, si les circonstances le permettent, de faire émigrer le troupeau vers des pâturages élevés et secs, jusqu'à ce que le fléau ait cessé ses ravages.

### Piétin.

Les moutons sont, en outre, assez souvent atteints de maladies locales, dont la plus fréquente est le *piétin*, espèce d'ulcère qui attaque la corne du pied

et le pied lui-même au point de réunion des deux on-
glons, et qui fait boiter fortement les bêtes ovines.
Tout berger expérimenté doit avoir appris du vétérinaire à soigner le piétin en y appliquant de la poudre
de vitriol bleu (sulfate de cuivre) et en entourant d'é-
toupe retenue par une ligature le pied endommagé. Le
piétin est assez facile à prévenir; il ne se manifeste jamais que quand les pieds des moutons ont été longtemps en contact avec la terre marécageuse ou le fumier
imbibé d'urine.

### Plaies accidentelles.

Il arrive assez souvent que les bêtes ovines, soit
dans leurs querelles entre elles, soit par suite de divers accidents, contractent des plaies et des blessures
plus ou moins graves. S'il en résulte des fractures, à
moins qu'elles n'intéressent la colonne vertébrale, auquel cas elles sont mortelles, le vétérinaire, au moyen
d'éclisses posées en temps utile, les réduit assez facilement. S'il s'agit de simples écorchures, on les cicatrise avec des compresses d'eau blanche (acétate de
plomb liquide ou extrait de saturne, à la dose de
vingt gouttes par litre d'eau). Si l'on a négligé de
panser les plaies accidentelles des moutons et qu'elles
se soient envenimées, il faut les laver avec du vin
chaud et les saupoudrer de poudre de charbon. L'animal étant d'ailleurs soumis à un bon régime, les plaies
ainsi pansées ne tardent pas à se cicatriser.

### Maladies regardées comme vices rédhibitoires.

Parmi les maladies qui viennent d'être décrites, la *clavelée* et le *sang de rate* sont considérées par la loi comme des vices rédhibitoires, c'est-à-dire que le vendeur est tenu de reprendre les animaux vendus et d'en rendre l'argent. Pour que ce droit puisse être exercé, il faut que la constatation légale de la maladie soit faite dans le délai déterminé pour la garantie et que les animaux achetés portent la marque du vendeur. La clavelée est tellement contagieuse, qu'un seul mouton atteint de cette maladie constitue un vice rédhibitoire pour tout un troupeau, quel que soit le nombre de têtes dont il se compose. Le sang de rate n'est vice rédhibitoire que quand il a causé la perte d'un quinzième au moins des moutons vendus, dans le délai de la garantie. Ce délai est de neuf jours, sans compter celui où les moutons ont été livrés à l'acheteur; il est d'un jour de plus pour chaque distance de cinq myriamètres du domicile du vendeur au lieu où se trouve le troupeau quand la maladie s'y déclare.

### Désinfection des bergeries.

Lorsqu'une bergerie a été temporairement habitée par des moutons atteints d'une maladie contagieuse, il importe de la faire évacuer au plus vite et de la désinfecter avant d'y laisser rentrer le troupeau. On commence par nettoyer à fond la bergerie et tout ce qu'elle contient d'ustensiles, râteliers, auges, man-

geoires et baquets à l'usage des moutons ; on tient ensuite ouvertes les portes et les fenêtres, de manière à
établir une bonne ventilation pendant toute une journée, après quoi il est temps de procéder à la fumigation. L'une des plus efficaces se pratique par le
procédé suivant :

Après avoir fermé les portes et les fenêtres, dont on
a soin de bien calfeutrer les jointures avec du gros pa-
pier enduit de colle, on place au milieu de la bergerie
un fourneau contenant des charbons allumés, sur lesquels on pose un vase de terre vernissée renfermant
soixante grammes de nitrate de potasse (*sel de nitre*),
et l'on verse sur ce sel quarante grammes d'acide sulfurique. Il se dégage bientôt des vapeurs qu'il faut se
garder de respirer ; on se retire aussitôt en fermant
hermétiquement la porte derrière soi. Au bout de cinq
à six heures, on laisse rentrer l'air extérieur, et l'on
renouvelle la ventilation pendant douze heures, après
quoi la désinfection est accomplie, la bergerie peut
recevoir le troupeau.

# CHAPITRE X.

## DES INSECTES NUISIBLES AUX MOUTONS.

Insectes extérieurs ou intérieurs, ennemis des moutons. — Le pou. — Moyens de le détruire en été. — En hiver. — Fumigations de tabac. — Méthode pour les appliquer. — Tique. — Manière de l'extirper. — Œstre. — Ponte des œufs. — Larves. — Moyen de les détruire. — Tournis causées par les larves d'œstre. — Ver filaire. — Attaque l'œil du mouton. — Le rend aveugle. — Cœnure cérébral ou hydatide du cerveau. — Ses effets. — Impossibilité de l'atteindre. — Tournis causé par cet insecte. — Morsures des vipères. — Guérissables quand on les soigne à temps. — Mortelles si le secours n'est pas immédiat.

### Insectes intérieurs et extérieurs ennemis des moutons.

Les moutons, soit au pâturage, soit à la bergerie, sont exposés aux attaques de divers insectes dont les uns vivent à l'air libre et exercent leurs ravages à l'extérieur, les autres vivent et se propagent à l'intérieur de certaines parties du corps des moutons ; ce sont ceux qui causent aux troupeaux les dommages les plus graves.

Les insectes extérieurs ennemis des moutons sont *le pou, la tique* et *l'œstre* ; leurs ennemis intérieurs sont le *ver filaire de l'œil* et le *cœnure cérébral* ou ver *hydatide du cerveau.*

### Le pou.

Les bêtes ovines, lorsqu'elles ont éprouvé beaucoup de misère pendant l'hivernage et qu'elles ont manqué des soins de propreté qui leur sont indispensables, sont fréquemment envahies par les poux, dont le nombre devient tellement formidable, qu'il met leur vie même en danger. Si ces insectes pullulent ainsi pendant la belle saison, le remède est facile; il faut tondre les moutons de très-près, les laver d'infusion de tabac, puis d'eau propre, les tenir ensuite très-proprement dans des pâturages élevés et secs, ou bien à la bergerie sur de la litière fraîche; les poux ne tardent pas à disparaître. Mais, si leurs attaques ont lieu en hiver, leur destruction est beaucoup plus difficile, parce qu'il n'est pas possible de tondre les moutons dans cette saison sans les exposer à contracter des affections catarrhales toujours dangereuses. Dans ce cas, le seul procédé d'un succès certain est la fumigation de tabac appliquée de la manière suivante : Trois hommes sont nécessaires pour cette opération; l'un tient le mouton entre ses genoux; le second porte l'appareil fumigatoire en forme de soufflet, dans lequel brûle du tabac à fumer; le troisième écarte de place en place les mèches de la laine afin d'y faire pénétrer les jets de fumée de tabac. Lorsqu'après une fumigation semblable les poux reparaissent, ils ne résistent pas à une seconde application du même traitement.

### Tique.

La *tique du mouton*, plus grosse et plus visible que le pou, ne devient jamais aussi nombreuse; elle ne se déplace pas et vit à la place où elle s'est attachée, en y causant une petite plaie vive. Il faut l'enlever avec des pinces, et laver la plaie avec de l'huile de cade (essence de genévrier); elle se cicatrise assez promptement.

Dès qu'on s'aperçoit de la présence des poux ou des tiques sur quelques bêtes ovines, il faut se hâter de les séquestrer jusqu'à ce qu'elles en soient complétement délivrées; sans quoi, par leur contact entre elles, tout le troupeau en serait envahi.

### OEstre.

On remarque fréquemment en été, surtout pendant le mois de juillet, une petite mouche, extérieurement peu différente de la mouche commune, qui voltige autour des moutons en produisant un bourdonnement aigu; cette mouche est l'œstre des moutons. Ils sont avertis par leur instinct de la présence de l'ennemi dont ils ont grand'peur, non sans motifs; ils se serrent alors les uns contre les autres en se tenant la tête très-basse; mais cette précaution ne les préserve pas toujours. L'œstre, à l'état d'insecte parfait, ne pique pas les moutons; sa femelle dépose à l'entrée des naseaux du mouton un œuf duquel naît bientôt une larve qui remonte dans le nez et s'y accroche au moyen de deux crochets dont elle est pourvue à cet effet ; elle y vit plusieurs mois, sans causer en apparence d'autre mal au mouton que de produire un écoulement de mucosité par le nez ; mais, lorsqu'elle cherche à sortir pour subir ses dernières transformations, la larve de l'œstre cause au mouton des douleurs intolérables qui lui font prendre la fuite en ligne droite : puis il s'arrête et tourne sur lui-même dans un véritable égarement. Il est alors trop tard pour le secourir ; le cerveau est intéressé, l'animal meurt ordinairement du *tournis*, maladie qui d'ailleurs est souvent produite par un autre insecte intérieur. Quand le berger surveille avec attention son troupeau et qu'il a remarqué la marche de l'œstre voltigeant autour de ses bêtes, il peut, au moyen d'une petite incision faite avec un canif à la narine où l'œuf a été déposé, extirper la larve naissante à peine visible, et sauver l'animal. La plaie de la coupure se cicatrise d'elle-même.

Lorsqu'il y a lieu de craindre qu'un grand nombre de moutons aient dans les naseaux des larves d'œstres, on peut tenter de détruire ces larves en faisant respirer aux moutons de l'essence de térébenthine et exposant les naseaux au contact des vapeurs de soufre en combustion ; mais ce procédé est douloureux ; les voies respiratoires en sont plus ou moins affectées, et le succès est incertain.

### Ver filaire.

Après l'hivernage dans des bergeries malsaines où les moutons ont été tenus à un régime exclusif de fourrage sec de qualité inférieure, on en voit souvent quelques-uns dont les yeux sont rouges et les paupières gonflées. Si l'on observe avec attention les yeux ainsi enflammés, on voit qu'ils contiennent de petits *vers filaires* logés les uns sous les paupières, les autres dans le globe même de l'œil. La souffrance qu'ils font éprouver au mouton le porte à frotter continuellement ses yeux, soit avec ses pieds de devant, soit le long des bareaux du râtelier ou partout où il peut chercher un soulagement passager, suivi d'un redoublement d'inflammation.

On lave les yeux malades plusieurs fois par jour avec de l'*eau blanche* à laquelle on ajoute par litre quelques gouttes seulement d'huile empyreumatique. Les moutons reçoivent en même temps une bonne nourriture, légèrement salée. Ce traitement fort simple détruit le ver filaire de l'œil du mouton, quand la paupière seule est attaquée; si le globe de l'œil lui-même est atteint, il n'y a pas de remède; le mouton devient aveugle. Il faut, dans ce cas, le tenir à la bergerie, le nourrir fortement, et le vendre pour la boucherie dès qu'il est assez gras pour être abattu; car le mal que lui cause la présence dans l'œil du ver filaire ne l'empêche pas d'engraisser jusqu'à un certain point, et il est encore possible de tirer du mouton devenu aveugle un assez bon parti.

### Cœnure cérébral ou hydatide du cerveau.

L'insecte nommé *cœnure cérébral* ou *hydatide du cerveau* ne provient pas, comme la larve de l'œstre, d'un insecte extérieur; on ne peut ni en préserver les moutons ni le détruire une fois qu'il existe; car il se développe dans le cerveau même, où il est impossible de l'atteindre. L'animal éprouve alors les mêmes symptômes que quand il est en proie aux larves de l'œstre, avec cette différence que, dans ce cas, il n'y a pas de remède. Le plus grand nombre des cas de *tournis* ou *vertige* du mouton est causé par le cœnure cérébral, ce qui rend cette affection mortelle. Les moutons morts du tournis ne sont pas perdus; le cuir et la toison ont toute leur valeur; la viande est saine, et, bien qu'elle ne puisse être vendue au boucher, elle peut parfaitement servir à la consommation des gens de la ferme. Les cas de tournis sont heureusement assez rares. Dans les pays où cette affection sévit le plus cruellement, la mortalité par le tournis provenant du cœnure cérébral ne dépasse jamais 2 pour 100 par an chez les troupeaux les plus éprouvés.

### Morsure des vipères.

Dans les pays à moutons du centre et du midi de la France, les pâturages élevés, surtout quand ils sont parsemés de pierres calcaires, sont souvent infestés de vipères. Ces reptiles dangereux n'attaquent pas spontanément les moutons; mais, lorsque ceux-ci, en parcourant les pâturages, viennent à poser le pied sur une vipère ou à la déranger en passant trop près de sa retraite, ils sont mordus, toujours aux lèvres ou aux naseaux.

Quand le berger soigneux conduit ses bestiaux sur

des pâturages où il sait qu'ils peuvent rencontrer des vipères, il doit toujours avoir avec lui un vase plein d'eau et deux petits flacons remplis, l'un d'ammoniaque liquide, l'autre d'éther. S'il suit avec une attention soutenue les mouvements de ses moutons, aucun accident grave n'est à redouter. Le mouton mordu d'une vipère relève aussitôt la tête par un mouvement brusque qui ne lui est pas naturel en toute autre circonstance, et auquel le berger intelligent ne peut, par conséquent, pas se méprendre. Le berger court aussitôt vers le mouton mordu, presse la partie blessée, sur laquelle il verse quelques gouttes d'ammoniaque liquide; il fait avaler au mouton la valeur d'un verre d'eau avec dix à douze gouttes d'éther. Quand le secours a été prompt, quelques minutes après il n'y paraît plus, et l'animal se remet à paître; mais si, faute d'une surveillance assez attentive, le berger ne s'aperçoit qu'un mouton a été mordu d'une vipère qu'en le voyant morne, abattu, l'œil éteint, luttant déjà contre la mort, il est inutile d'essayer de le secourir : le venin du reptile est passé dans la circulation; l'animal est perdu sans remède.

# CHAPITRE XI.

## DE LA LAINE.

Conditions de production des laines. — Production de la laine fine. — Égalité du brin. — Égalité de nourriture en été et pendant l'hivernage. — Lenteur d'accroissement des bêtes à laine fine. — Force et élasticité de la laine. — Moyens de les vérifier. — Tonte des moutons. — Lavage à dos. — Dans l'eau courante. — Dans l'eau de mare. — Suint. — Lavage des laines après la tonte. — Triage des laines. — Jarre. — Laines jarreuses. — Conservation des laines. — Teigne de la laine. — Moyen de la détruire.

### Conditions de production des laines.

Avant d'examiner les qualités de la laine et les moyens de la conserver dans les meilleures conditions, il est nécessaire de se rendre compte de la production de la laine fine et de la laine commune, ainsi que des motifs économiques qui peuvent déterminer l'éleveur à produire l'une préférablement à l'autre. A ne considérer que l'argent, malgré la baisse constante du prix des laines fines, baisse qui n'est point arrivée à son terme, la laine fine se vend toujours beaucoup plus cher que la grosse laine; de plus, les bêtes à laine fine ont besoin de moins d'aliments que les autres, et, lorsqu'elles engraissent, leur laine grossit.

## Production de la laine.

Mais il y a, pour la production de la laine fine, une condition difficile à remplir, et qui a besoin d'explication. L'une des qualités qui contribuent le plus à donner de la valeur à la laine fine, c'est la parfaite égalité du brin, lequel, examiné au microscope, doit présenter une forme cylindrique égale sur toute sa longueur. Cette égalité dépend entièrement de l'égalité de la nourriture. Dès que les moutons mangent un peu moins que d'habitude, leur laine s'affaiblit; le brin devient plus mince et d'une forme moins régulière; s'ils traversent une période d'abondance, le brin grossit sensiblement; il en résulte qu'un troupeau de la meilleure race, s'il a été inégalement nourri, peut donner, au moment de la tonte, une laine inégale, d'une valeur à peine égale à celle de la laine commune. Avant de composer son troupeau de bêtes à laine fine, le fermier prudent doit donc se rendre un compte exact de la valeur des pâturages dont il dispose et de toutes ses ressources fourragères, et prendre la résolution de nourrir ses moutons pendant l'hivernage avec autant d'abondance qu'en été au pâturage, sans les pousser à l'engraissement. Il doit aussi savoir que le troupeau de laine fine ne supporte ni la transhumance ni même le parcage trop prolongé; il doit passer la plus grande partie de son temps, soit à la bergerie, soit sur des pâturages sains et élevés, où les toisons ne puissent se salir.

Ce n'est pas tout : le régime indiqué pour la production de la laine fine ralentit le développement des animaux; ils ne sont bons à engraisser qu'à un âge plus avancé que les moutons à laine commune, et ils ont toujours moins de valeur pour la boucherie. Telles sont les considérations principales auxquelles le fermier doit s'arrêter pour savoir s'il doit produire de la laine fine ou de la laine commune, et qui l'engagent à adopter les races dont la viande est la meilleure et la laine moins fine.

### Force et élasticité de la laine.

Quelle que soit la qualité de la laine, ses deux propriétés les plus précieuses sont la force et l'élasticité. La force se mesure par le plus ou moins de résistance que le brin oppose lorsqu'on cherche à le rompre. L'élasticité se mesure d'après le nombre des ondulations du brin qui, même dans les laines longues, n'est jamais tout à fait droit. Si l'on tend un brin de cette laine et qu'on l'abandonne ensuite à lui-même, il doit reprendre immédiatement ses ondulations; s'il est coupé en plusieurs bouts, chacun des bouts doit également reprendre, après avoir été tendu, le nombre de ses ondulations.

### Tonte des moutons.

La tonte des moutons se fait à la fin de juin, vers la Saint-Jean sous le climat de la France centrale, au 15 juin dans nos départements du Midi, et seulement au 15 juillet dans le nord de la France. Quand même on n'aurait pas intérêt à récolter la laine, la santé des moutons, surtout celle des agneaux, exigerait toujours qu'ils fussent tondus. Les ouvriers exercés tondent très-vite les moutons en les posant sur une table, les quatre pieds liés ensemble; ils ont soin de tondre séparément la tête et le haut des jambes, dont la laine est plus courte et de moins bonne qualité que celle de la toison proprement dite.

### Lavage à dos.

La tonte est, le plus souvent, précédée du *lavage à dos*, dont l'usage est, de nos jours, devenu à peu près général: il ne rend pas les toisons parfaitement propres; mais, comme il enlève la plus grande partie de la terre, du sable et des autres corps étrangers qui se sont attachés à la laine, soit au parc, soit à la bergerie, les marchands qui achètent la laine au poids voient mieux ce qu'ils achètent, de sorte que le lavage à dos facilite la vente.

L'opération du lavage à dos se fait sans difficulté lorsqu'on dispose d'une eau courante. On profite d'une belle journée pour faire entrer les moutons un à un dans le courant; un ouvrier, dans l'eau jusqu'aux genoux, frotte d'une main toutes les parties de la toison de chaque mouton, jusqu'à ce que l'eau en sorte sensiblement claire; puis il laisse aller le mouton lavé dans un pré récemment fauché, où il sèche sa toison au soleil, sans que rien puisse la salir de nouveau. A défaut d'eau courante, celle d'une mare peut être employée. Dans ce cas, le lavage est fait par deux ouvriers, dont l'un maintient le mouton et lave la laine, pendant que l'autre lui verse peu à peu de l'eau sur le corps.

Il doit s'écouler le moins de temps possible entre le moment où les moutons sont lavés et celui où ils sont tondus, afin qu'ils ne se salissent pas dans l'intervalle.

### Suint. — Lavage après la tonte.

Le brin de la laine est enduit extérieurement d'une substance grasse nommée *suint*, que le lavage à dos entraîne en partie avec les corps étrangers attachés à la laine. Les laines vendues sans avoir subi aucun lavage se nomment laines *en suint*. Quand les toisons n'ont pas été lavées à dos et qu'elles sont fort sales, on peut toujours les laver avant la vente. On choisit de préférence, pour cette opération, le moment des plus fortes chaleurs de l'été, époque à laquelle le suint se détache le plus facilement de la laine et se dissout le mieux dans l'eau devenue tiède par son exposition au soleil. Les toisons sont d'abord battues, pour en faire tomber la terre et la poussière, puis *ouvertes* à la main, c'est-à-dire que les mèches sont écartées, pour rendre le lavage plus efficace. La laine est mise alors dans des paniers d'osier qu'on plonge dans l'eau; en agitant la laine dans l'eau avec des bâtons, on la rend aussi propre qu'elle doit l'être pour la vente. Il y reste encore une partie du suint, qui ne pourra être enlevée que par le *dessuintage* au savon, opération qui n'est pas du ressort du producteur; elle regarde le fabricant de tissus de laine. On fait remarquer, à ce sujet, que le dessuintage n'est jamais complet, et qu'il ne doit pas l'être. C'est, en effet, à une très-minime portion de suint restée adhérente à la laine convertie en tissus que les tissus de laine doivent leur souplesse.

### Triage des laines.

Les laines, aussitôt après la tonte, sont soumises au *triage*, sur la table même où les moutons viennent d'être tondus. Cette opération consiste à mettre à part la laine du toupet, des joues, du voisinage des cornes et du haut des jambes, laine de qualité inférieure, qui n'a pas dû être mêlée au reste pendant la tonte, et à isoler ensuite les parties fines de la toison de ses parties les plus grossières. Le triage aussitôt après la tonte est facile; il deviendrait difficile plus tard, et doit être fait immédiatement. Pour les laines fines et communes, assez uniformes sur toute l'étendue de la toison, le triage demande peu de temps; il en demande davantage pour les laines de qualité moyenne, qui sont beaucoup plus inégales.

### Jarres. — Laines jarreuses.

On nomme *jarre* des brins grossiers mêlés à la véritable laine, et qui ressemblent plus à du crin qu'à de la laine. Les laines qui contiennent beaucoup de jarre sont nommées laines *jarreuses*. Pendant le triage, les parties jarreuses de la laine sont isolées de celles qui sont exemptes de jarre.

### Conservation des laines.

Ce que peut faire de mieux le producteur, dans son intérêt autant que pour s'épargner de graves embarras, c'est de vendre la laine le plus tôt possible après la tonte. Mais il arrive assez souvent que, soit en raison de la dépréciation momentanée provenant de l'encombrement du marché, soit parce qu'on espère que les prix se relèveront, la vente doit être retardée. La laine, dans ce cas, se conserve mieux en suint que lavée. Toutefois, si le lavage a été fait à dos, la laine retient assez de suint pour se bien conserver.

### Teigne de la laine.

La laine a dans les greniers un ennemi redoutable : la *teigne,* très-petit papillon, dont la chenille, portant avec elle un étui qui lui sert de domicile, y rentre à volonté après avoir coupé et rongé les brins de la laine dont elle se nourrit. Les fumigations sulfureuses et les diverses recettes préservatrices contre les attaques de la teigne ne réussissent qu'incomplétement. Le meilleur moyen consiste à battre souvent la laine en la secouant avec de longs bâtons; on fait ainsi envoler les papillons des teignes, qui vont s'abattre par centaines sur les murs blanchis à la chaux, dans le but de rendre ces insectes plus faciles à distinguer. On les écrase au moyen d'une longue baguette terminée par un large bouton plat.

La laine n'est pas garantie contre la teigne par la

grosse toile des sacs dans lesquels elle est quelquefois
enfermée; l'insecte, tout faible qu'il paraît, sait écarter
les fils de la toile sans la percer ni laisser de traces de
son passage; une fois dedans, il y multiplie sans qu'on
puisse s'en apercevoir. Il vaut mieux garder la laine
en tas dans le grenier et la remuer le plus souvent possible, pour diminuer la désastreuse multiplication des
teignes.

# CHAPITRE XII.

## DE L'ACHAT D'UN TROUPEAU.

Conformation des moutons. — Moyen de la vérifier. — Conditions d'une bonne conformation. — Signes de la santé. — Rougeur des veines de l'œil. — Signes de l'âge. — État des dents. — Ne donne que des approximations. — Qualités de la laine. — Abondance de lait. — Provenance. — Achats en masse.

La dépense de l'achat d'un troupeau de bêtes ovines est toujours très-élevée; il importe donc beaucoup à l'acheteur de ne pas se laisser tromper, et de tâcher d'en avoir, comme on dit, pour son argent, ce qui ne lui arrive pas toujours. Les points principaux sur lesquels doit porter l'examen des moutons qu'on se propose d'acheter sont la *conformation*, la *santé*, l'*âge* des animaux, et la *qualité de leur laine*; il faut aussi s'assurer de leur provenance et des garanties qu'elle peut offrir, soit pour la pureté de la race, soit pour la bonne constitution des bêtes ovines.

### Conformation des moutons.

Il n'est pas toujours facile d'apprécier sur un champ de foire la bonne ou mauvaise conformation des moutons. Pour peu qu'elle soit défectueuse, le vendeur cherche à la dissimuler autant que possible, en tenant

6

les animaux serrés les uns contre les autres, ayant soin
de placer les meilleurs sur les bords extérieurs du
groupe, et les moins bons au centre. L'acheteur est en
droit de demander à les voir dans un local où ils puissent être suffisamment espacés ; là seulement il peut
juger de leur conformation en parfaite connaissance de
cause.

La tête petite, toujours plutôt au-dessous qu'au-dessus de la moyenne de la race, la ligne du dos parfaitement droite et horizontale, sans creux vers le milieu,
l'œil vif et bien ouvert, la jambe courte, la poitrine
large et la croupe bien arrondie, sont les marques les
plus essentielles d'une bonne conformation. Afin d'en
mieux juger les détails, il est toujours utile de voir
marcher et courir les moutons, dont la démarche doit
être libre, vive et en même temps régulière.

### Signes de la santé.

Le signe le plus certain de la santé des moutons,
c'est le rouge clair des veines de l'œil ; toutefois ce
signe seul peut induire en erreur ; c'est ce qui a lieu
quand le vendeur a rendu rouges facticement les yeux
de ses moutons en les lavant avec de l'eau salée. L'acheteur expérimenté ne s'y trompe pas ; il voit aisément
si la rougeur des veines de l'œil est accompagnée d'autres indices qui dénotent d'une manière certaine le bon
état de santé des bêtes ovines. Pour s'en assurer, il ap-
puie fortement la main sur la croupe d'un mouton ; si
l'animal est bien portant, il supporte bien cette pres-
sion sans fléchir ; s'il est faible, il est forcé de s'accrou-

pir. Si, pour essayer sa force, on le saisit par une jambe de derrière, il doit opposer une vigoureuse résistance ; dès qu'il se laisse tirer en arrière, étant de race moyenne, on peut le supposer faible et délicat.

Toutes les parties du corps, mais principalement la face, les oreilles et les jambes, dégarnies de laine, doivent être l'objet d'une inspection minutieuse, afin de s'assurer que l'animal n'est atteint ni de la gale ni d'aucune autre maladie de la peau.

### Signes de l'âge.

C'est toujours une faute d'acheter des bêtes ovines d'un âge trop avancé, à moins que ce ne soient des béliers ou des brebis d'une race qu'on tient absolument à propager, et dont il n'est pas possible de se procurer de jeunes reproducteurs.

On ne peut apprécier l'âge des bêtes ovines que par l'inspection de leurs dents, qui donnent, à cet égard, des indications seulement approximatives, pendant les premières années. Plus tard, le degré d'usure des dents fait présumer l'âge des moutons ; mais le genre de nourriture habituelle qu'ils reçoivent et la nature des pâturages sur lesquels ils vivent peuvent apporter une très-grande différence dans l'état des dents, indépendamment de l'âge.

Beaucoup d'agneaux naissent avec des dents, le plus grand nombre prend toutes ses dents incisives en vingt-cinq jours ; elles forment le rond à l'âge de trois mois ; ces premières dents commencent à se déchausser successivement, entre l'âge de six mois et celui de quinze mois ; leur état d'usure plus ou moins avancé ne peut être pris comme indice de l'âge que par les bergers ou ceux qui ont une grande habitude d'observer et d'étudier les moutons.

C'est à dix-huit mois seulement que les pinces de lait sont remplacées par les pinces d'adulte ; les autres premières dents le sont successivement à trois ans et demi et à quatre ans et demi. Ces dernières indications sont assez précises ; ultérieurement, il est difficile, pour ne pas dire impossible, de savoir au juste à quoi s'en tenir sur l'âge vrai des bêtes ovines ; on ne peut que s'en rapporter à la bonne foi du vendeur, s'il en a. On voit que c'est là un motif de plus pour ne jamais acheter des animaux trop âgés, si ce n'est pour des considérations tout à fait particulières.

### Qualité de la laine.

Chez les animaux à laine longue, de race commune, de grande taille, la finesse de la laine est un signe défavorable ; elle indique que les bêtes ovines ont probablement été pauvrement nourries pendant l'élevage. Le degré de finesse doit être jugé au point de vue de chaque race en particulier ; la laine doit réunir les conditions de force et d'élasticité qui sont recherchées dans la race dont on veut former un troupeau ; il faut surtout qu'elle soit abondante et bien *tassée*, c'est-à-dire disposée en mèches serrées, réunissant sous un petit volume un grand nombre de bons brins exempts de jarre.

### Abondance du lait.

Lorsqu'on achète des brebis mères avec leurs agneaux, le vendeur, pour faire croire à l'abondance du lait, signe de vigueur et de santé chez la brebis, empêche l'agneau de teter pour que le pis soit gonflé et bien rempli ; il faut que l'agneau qui accompagne sa mère puisse teter à volonté, et que l'état du pis soit l'expression vraie des qualités lactifères de la brebis. Ces qualités n'ont une très-grande importance que dans les pays du Midi, où l'on sèvre les agneaux de très-bonne heure, afin de profiter du lait des brebis, employé à la préparation de fromages estimés. C'est aussi dans les foires à moutons de ces départements que le vendeur met en œuvre toute sorte de moyens pour faire paraître ses brebis meilleures laitières qu'elles ne le sont en réalité.

### Provenance.

Il est souvent fort important pour l'acheteur de savoir exactement de quel lieu proviennent les moutons qu'il achète, soit parce qu'il sait que dans telle localité la race de moutons élevée est précisément celle qu'il désire, soit parce que la nature des pâturages, de l'exposition et du climat, est précisément celle que les moutons trouveront chez lui, de sorte que leur santé n'aura pas à souffrir du changement de lieu. Les vendeurs de moutons le savent si bien, qu'il leur arrive souvent de dissimuler la vérité à cet égard. Si la terre d'un canton dont les moutons sont en réputation est d'un brun particulier, ils préparent une poudre d'un brun tout pareil, et ils en saupoudrent les toisons de leurs moutons d'une tout autre provenance. L'acheteur reconnaît aisément cette fraude en passant sa main dans l'épaisseur de la toison ; la poudre brune adhère à ses doigts et se trahit d'elle-même.

On ferait un volume des fraudes de ce genre mises en œuvre par les marchands de moutons dans les foires pour induire l'acheteur en erreur et réaliser des bénéfices illicites. C'est donc une recommandation sur laquelle on doit surtout insister auprès des fermiers jeunes et peu expérimentés, que celle de faire, autant que possible, leurs achats de moutons directement chez les éleveurs, et de ne passer par les mains de ceux qui font métier de vendre des moutons que quand ils ne peuvent pas faire autrement.

### Achats en masse.

Il est également de l'intérêt du fermier de ne pas faire ses achats par trop petits lots, ce qui, d'une part, lui fait perdre à courir les foires à moutons un temps toujours précieux, et, de l'autre, l'expose à réunir en un seul troupeau des animaux nés et élevés dans des conditions très-diverses, ayant, par conséquent, des tempéraments très-différents, plus sujets que d'autres à contracter diverses maladies par suite du déplacement et du changement de régime. Quand le troupeau est formé d'animaux tous nés et élevés sur les mêmes pâturages, habitués à vivre ensemble, vendus en bloc au même fermier, qui n'a pas lieu de modifier leur régime alimentaire non plus que le traitement auquel ils sont habitués, toutes les chances les plus favorables se trouvent réunies pour la prospérité du troupeau dans sa nouvelle situation, et la bergerie est repeuplée dans les meilleures conditions.

Une dernière recommandation, non moins essentielle que les précédentes, c'est de faire toujours les grands achats de moutons à la distance la moins éloignée possible du lieu où les animaux doivent vivre chez leur nouveau propriétaire. Peu importe qu'ils soient venus de loin au champ de foire, ils y sont arrivés aux frais, risques et périls du vendeur ; s'il les présente en bon état, le point de départ importe peu. Mais, une fois vendus, s'ils ont un long trajet à faire pour gagner leur nouvelle bergerie, il y aura toujours en route des morts ou tout au moins des malades, sources de pertes et d'embarras ; sans compter, en cas de vices rédhibitoires reconnus après coup, les difficultés sans nombre qui surgissent pour rendre la garantie efficace, quand le vendeur et l'acheteur demeurent à une trop grande distance l'un de l'autre.

# CHAPITRE XIII.

## DU CROISEMENT DES RACES OVINES.

Croisements inconsidérés. — Leurs effets. — Préparations au croisement. — Amélioration des races par elles-mêmes. — Béliers pour les
croisements. — Introduction des races substituée au croisement. —
Ses inconvénients. — Races assorties pour le croisement. — Amélioration par progression. — Ses avantages. — Durée de l'opération.
— Marque des métis. — Croisement en dedans. — Hâte l'engraissement pour les races de boucherie.

### Croisements inconsidérés. — Leurs effets.

A une époque encore peu éloignée de la nôtre, les
éleveurs de bêtes ovines en France étaient possédés,
pour la plupart, de ce qu'on peut nommer la manie
des croisements. Sans tenir compte de la valeur très-
réelle de nos bonnes races indigènes, sans s'inquiéter
davantage des exigences des races étrangères réputées
les meilleures, tant sous le point de vue du climat que
sous celui de la nourriture, on voulait à toute force
croiser les races et obtenir des métis. Beaucoup de dé-
ceptions et la ruine d'un grand nombre d'éleveurs furent la suite de cet engouement inconsidéré, qui, fort
heureusement, ne s'est pas soutenu.

### Préparation aux croisements.

Il y a assurément des circonstances où il peut être très-utile de substituer une race à une autre, ou de donner à celle qu'on possède les qualités qui peuvent lui manquer, par des croisements judicieux ; mais, ainsi que nous l'avons précédemment exposé, le plus souvent, il est plus avantageux de s'en tenir à la race ovine qu'on trouve établie dans le pays où l'on cultive, à moins que cette race ne soit tout à fait défectueuse. Dans tous les cas, il faut commencer par porter la race indigène à sa plus grande perfection possible, soit par le choix persévérant de ses meilleurs reproducteurs des deux sexes, soit par un meilleur régime alimentaire. Il faut ensuite améliorer la culture dans le sens de l'accroissement des ressources en fourrages et en racines fourragères, afin d'être assuré d'avance que les animaux de races étrangères au pays, introduits comme améliorateurs, ne seront pas exposés, eux et leurs produits, à dégénérer faute d'une nourriture appropriée à leurs besoins.

### Début du croisement.

Tout étant ainsi bien disposé pour le croisement, l'opération doit toujours avoir pour base des béliers, et non des brebis. Veut-on, par exemple, introduire du sang mérinos dans un troupeau de moutons solognots? Après avoir porté la race de Sologne à toute la perfection qu'elle comporte, on se gardera de croiser des béliers solognots avec des brebis de pur sang mérinos. On donnera, au contraire, aux meilleures brebis de Sologne des béliers mérinos. Dans la première génération provenant de ce croisement, tous les mâles métis seront convertis en moutons; si l'on en réservait quelques-uns pour la reproduction, même en choisissant les mieux conformés, le troupeau retournerait au type maternel, et l'effet du croisement ne serait pas durable. Mais, à la quatrième ou cinquième génération, les meilleures brebis métisses, étant réservées pour la reproduction, donneront des agneaux tout à fait semblables au père; ces agneaux pourront alors être considérés comme étant de race pure; l'effet du croisement sera durable, et l'on aura fini par substituer complétement le type mérinos au type solognot.

Si, pour avoir plus tôt fait, un éleveur assez riche pour ne pas être arrêté par des considérations d'argent, voulait introduire de prime abord dans son exploitation un troupeau composé en entier de mérinos mâles et femelles, et les substituer aux solognots ou à toute autre race indigène commune, non-seulement il lui en coûterait fort cher, mais encore, tout en dépensant beaucoup d'argent, il réussirait moins bien que par le croisement progressif; il perdrait inévitablement une partie de ses mérinos, et ceux qu'il conserverait ne seraient jamais aussi bien acclimatés, aussi parfaitement identifiés avec les conditions économiques du canton, que des moutons ramenés par les croisements progressifs du type solognot au type mérinos de race pure.

### Choix des animaux pour le croisement.

En règle générale, il ne faut croiser entre elles que des races assorties par la taille et, autant que possible, par le tempérament, et s'imposer la loi de choisir dans les deux races, même au prix de sacrifices considérables, les individus les mieux constitués pour la reproduction. Surtout il faut savoir se défendre de cette précipitation inconsidérée qui compromet tout en voulant tout hâter. Les béliers, avant d'être utilisés pour la multiplication, seront nourris pendant un temps plus ou moins long à la bergerie ou au pâturage, afin qu'ils soient premièrement aussi bien alimentés qu'ils peuvent l'être avant de commencer le croisement.

### Amélioration par progression.

On ne peut trop recommander, partout où le croisement est reconnu praticable avec avantage, de le faire servir à ce que les agronomes ont nommé l'*amélioration par progression.* Ce mode d'appliquer le croisement offre l'incontestable avantage de donner, quant à la quantité ou à la qualité des produits, une augmentation immédiate qui, dès la première année, se traduit en argent. Cette augmentation progresse sensiblement d'année en année. Nous donnons ici les détails de cette méthode, d'après M. Morel de Vindé, qui en est l'introducteur.

On suppose un troupeau de trois cents brebis de race commune, qu'on veut soumettre au croisement pour l'améliorer progressivement. Il faudra les croiser exclusivement avec les béliers de la race supérieure; on aura, en outre, de quatre à douze brebis de cette même race. On obtiendra par ce moyen, dès la première année, des métis de premier croisement et, de plus, un certain nombre d'agneaux de pur sang, de père et de mère. Ces agneaux deviendront, avec le temps, d'excellents reproducteurs. Les femelles de race commune seront successivement supprimées, à mesure que le nombre des brebis métisses augmentera. Les béliers métis seront convertis en moutons, sans exception, et le troupeau finira par n'avoir plus ni brebis communes, ni brebis métisses; il se composera exclusivement de brebis mérinos.

### Durée de l'opération.

Ce résultat définitif se fera, il est vrai, attendre assez longtemps; mais rien ne s'improvise en agriculture, et qui ne sait pas attendre ne sera jamais agriculteur. La durée du temps nécessaire pour compléter l'amélioration par progression d'un troupeau de trois cents brebis est subordonnée au nombre des brebis de race pure qui accompagnent les béliers améliorateurs. La transformation est accomplie au bout de onze ans, lorsqu'on a commencé avec douze brebis de la race supérieure; de douze ans, si le noyau servant de point de départ a été seulement de dix brebis. Si ce noyau n'est que de huit brebis, l'opération durera treize ans; s'il est de six brebis, elle durera quatorze ans; enfin, s'il n'a pas été possible de commencer avec plus de quatre brebis de race pure, ce qui arrive quelquefois, le résultat du croisement ne sera complet qu'au bout de quinze ans; encore, dans ce calcul, n'est-il pas tenu compte du chapitre des accidents. Si, pendant le cours de l'amélioration par progression, la mortalité enlevait une partie des brebis de race pure qu'il ne serait pas possible de remplacer, le résultat définitif pourrait être retardé d'un ou deux ans. Mais il ne faut pas perdre de vue que, dès le début, l'amélioration, soit qu'on la dirige vers la production de la laine, soit qu'elle ait pour but la production de la viande, donne des résultats partiels assez avantageux pour faire rentrer le producteur dans s s avances avec bénéfice. C'est là ce qui donne à la méthode d'amélioration par progression une supério-rité qui doit finir par la faire adopter partout préfé-rablement à toute autre dans la pratique des croise-ments.

### Marque des métis.

Il est nécessaire de distinguer sans erreur possible, dans le troupeau en voie d'amélioration par progres-sion, les bêtes parvenues à un degré de croisement plus ou moins avancé; car, même en y regardant de très-près, la première et la seconde génération produites par le croisement ne sont pas faciles à distinguer. Les bêtes doivent donc être marquées, pour rendre les er-reurs impossibles.

Les brebis de race commune n'ont besoin d'aucune marque; tant qu'il y en aura dans le troupeau, on les reconnaîtra toujours facilement. On donne seulement à celles de la première génération une marque qui consiste à percer l'oreille droite; on perce l'oreille gauche des bêtes de la seconde génération, et les deux oreilles de celles de la troisième. Dès qu'on arrive à la quatrième génération, les bêtes communes ont disparu; elle n'a besoin d'aucune marque. On recommence à marquer à l'oreille droite les bêtes de la cinquième génération; le troupeau n'en doit plus avoir une seule de la première, c'est-à-dire du premier croisement. La sixième génération est marquée d'un trou à l'oreille gauche; les bêtes de la seconde génération ont disparu. La septième génération a pour marque un trou à chaque oreille; il n'existe plus dans le troupeau de bêtes de la troisième génération. À la huitième génération, il ne faut plus de marque; tous les métis sont au même point d'amélioration; il n'y a plus de bêtes de la quatrième génération; le nombre des brebis de race pure augmente rapidement; elles sont d'ailleurs si faciles à reconnaître, que le système de marque indiqué ci-dessus peut être poursuivi ou abandonné sans inconvénient.

### Croisement en dedans.

Quand le croisement porte exclusivement sur une race de boucherie, on donne à cette race une propension particulière à l'engraissement en faisant reproduire ensemble le père avec la fille, le fils avec la mère et le frère avec la sœur, et en restant toujours dans les limites de la parenté la plus rapprochée possible entre les reproducteurs des deux sexes. Ce mode de croisement aurait, pour les races dont la laine est le principal

produit, le grave inconvénient de donner des produits
de plus en plus débiles de tempérament, et dont les
mâles finiraient même par ne plus pouvoir se reproduire. Appliqué aux bêtes de boucherie, le croisement
*en dedans*, comme le nomment les Anglais, ne doit pas
être poussé plus loin que la seconde ou tout au plus la
troisième génération. On allie, dans ce cas, le bélier
améliorateur avec la brebis du premier degré de métis-
sage, et ainsi de suite, en ayant soin de s'arrêter à
temps pour prévenir une complète dégénérescence.

# CHAPITRE XIV.

DE LA CHÈVRE. — ESPÈCES ET VARIÉTÉS.

Qualités et défauts de la chèvre. — Enfants nourris par des chèvres. — Attachement de la chèvre à son nourrisson.— Caractère indocile de la chèvre.— Espèces et variétés. — Chèvre commune. — A longs poils. — A oreilles pendantes. — Chèvre d'Angora. — Valeur de sa toison. — Recherchées pour les velours de laine. — Chèvre du Thibet ou de Cachemire.— Propriétés de son duvet.— Prix ancien de ce produit. — Sa valeur actuelle. — Taille des chèvres du Thibet. — Époque de leur introduction en France. — Leurs qualités comme laitières.

### Qualités et défauts de la chèvre.

La chèvre, surnommée à juste titre la vache du pauvre, est, par sa rusticité, sa sobriété, l'excellence et l'abondance de son lait, le premier des animaux domestiques pour les ménages de cultivateurs les moins aisés. On ne peut pas toujours avoir une vache; on peut toujours avoir une chèvre. Si, par maladie ou pour toute autre cause, la mère de famille ne peut allaiter un enfant, aucun lait ne remplace mieux que celui de la chèvre le lait maternel, non-seulement à cause de ses propriétés légères et digestives, mais encore parce que la chèvre se laisse volontiers teter par un enfant, de sorte que celui-ci prend à discrétion d'excellent lait, à la température la plus favorable. La chèvre ne tolère pas seulement le nourrisson; elle s'y attache avec une véritable tendresse. On voit fréquemment des chèvres nourrices faire de longues traites pour suivre l'enfant qu'elles ont allaité, lorsqu'on leur enlève l'objet de leur affection.

Ces qualités recommandables de la chèvre sont compensées par plusieurs défauts. La chèvre est, par caractère, indocile, vagabonde et capricieuse; c'est d'elle que dérive cet adjectif. Partout où elle peut paitre en liberté, comme elle préfère à tout autre aliment les pousses récentes des jeunes arbres, elle détruit à fond les bois, qui ne repoussent plus. C'est aux trop nombreux troupeaux de chèvres qu'est dû le déboisement complet d'une partie du versant français des Pyrénées. L'agronome toscan Ridolfi attribue la diminution rapide des bois de son pays à trois fléaux également destructeurs : la hache, le feu et la chèvre. Toutefois il est facile à l'homme de profiter complétement des bonnes qualités de la chèvre, sans subir les inconvénients de ses défauts; c'est ce que nous chercherons à démontrer clairement.

### Espèces et variétés.

On élève en France deux espèces principales de chèvres, la *chèvre commune* et la *chèvre à oreilles pendantes*. Des essais d'acclimatation déjà couronnés d'un demi-succès ont introduit sur plusieurs points de notre territoire deux races étrangères, la *chèvre d'Angora* et la *chèvre du Thibet* ou de *Cachemire*; on peut, dès à présent, les considérer comme acquises à l'Europe et particulièrement à la France.

## Chèvre commune.

La chèvre commune à robe entièrement blanche, blanche et noire, brune ou grise de diverses nuances, avec des taches blanches, est la plus répandue et la plus rustique de toutes. La chèvre sans cornes n'est pas même une sous-variété; c'est un simple accident qui se fixe et devient permanent avec la seule attention de choisir constamment des reproducteurs sans cornes. Lorsqu'elle est bien nourrie et convenablement soignée, la chèvre donne, en échange de fort peu de nourriture grossière du prix de revient le plus minime, un chevreau par an, assez souvent deux, son lait, très-abondant en égard aux aliments qu'elle consomme, et son poil, qu'on peut tondre une fois par an, pendant l'été; il est vrai que ce dernier article n'a pas une bien grande valeur; mais il ne doit cependant pas être négligé.

## Chèvre à oreilles pendantes.

Cette variété est plus souvent dépourvue de cornes que la chèvre commune; elle se plaît surtout dans nos départements du Midi, étant un peu moins rustique et plus sensible au froid que la chèvre commune; elle a, sous le rapport des produits, l'inconvénient d'être le plus souvent à poil ras. On en possède une variété naine, à cornes très-courtes, qui n'a que la moitié de

la taille des chèvres d'Europe; elle est originaire de
Syrie. La chèvre naine, bien acclimatée en France,
très-disposée à une extrême familiarité, est fréquemment élevée comme animal d'agrément par des per-
sonnes aisées; ses produits sont naturellement très-
faibles; mais elle prend aisément la graisse, et les
jeunes chevreaux de cette race ont la chair si délicate,
qu'on peut la servir pour de l'agneau, sans que la sub-
stitution puisse être devinée.

### Chèvre d'Angora.

La chèvre d'Angora, vivant en troupeaux très-nombreux dans les montagnes des environs de la ville du
même nom, en Asie Mineure (Turquie d'Asie), est, de
toutes les races étrangères, la plus facile et la plus
avantageuse à propager en France, à cause du prix
élevé de ses toisons. Elle donne autant de lait que les
chèvres d'Europe, et son lait est d'aussi bonne qualité;
la chair de ses chevreaux vaut celle des chevreaux des
autres races; en outre, sa toison, composée d'une
laine, ou, pour mieux dire, d'une soie longue et fine,
possède, au point de vue industriel, des propriétés spéciales qui la rendent tout particulièrement recomman-
dable. Tandis que la laine, même celle des plus belles
races de moutons, perd tout son lustre à la teinture, le
poil des chèvres d'Angora conserve le sien; il ressem-
ble, à s'y méprendre, à de la soie teinte; il a l'éclat
de la soie et peut recevoir toutes les nuances qu'on
donne habituellement à la soie, aussi bien que celles
qu'on applique aux tissus de laine pure ou de laine et

soie. Le poil de la chèvre d'Angora est très-supérieur,
pour la fabrication des velours de laine, aux laines réputées les meilleures; les velours qu'on en fabrique
sont à la fois plus beaux et plus durables que les plus
beaux velours de laine; on en fabrique aussi d'excellents tissus légers, de ceux qu'on nomme dans le commerce *draps de sérail* ou *draps zéphyrs*. Dans son pays
natal, la chèvre d'Angora, lorsqu'on néglige de la tondre, perd naturellement sa toison en été; elle doit être
tondue en juillet; ses toisons sont égales en poids à
celles des moutons des meilleures races.

Le chèvre d'Angora paraît appelée à faire la fortune
des pays de montagne, où elle brave impunément, à
cause de l'épaisseur de sa toison, le froid le plus vif,
qui paraît plutôt favorable que contraire à sa santé;
cette race a peu de chances de succès dans les pays
plats au sol humide; elle est aussi sobre et aussi peu
exigeante sur le choix des aliments que la chèvre commune.

### Chèvre du Thibet ou de Cachemire.

La plus précieuse des races de chèvres, c'est sans
contredit la chèvre du Thibet, dont le duvet placé sous
le poil est la matière première des merveilleux tissus
fabriqués dans la vallée de Cachemire. Ce duvet n'est
pas abondant; il est enlevé tous les ans par un peignage avec un peigne à dents doubles approprié à cet
usage. Sous le climat du centre de la France, l'époque
la plus favorable pour ce peignage est à la fin de mars
ou au commencement d'avril; l'opération dure ordi-

nairement huit jours, pendant lesquels on la répète quatre fois, c'est-à-dire tous les deux jours. Le duvet, destiné par la nature à préserver les chèvres du Thibet du froid rigoureux qui règne en hiver dans les hautes montagnes de leur pays natal, ne commence à se former qu'en automne; s'il n'était pas récolté, il tomberait de lui-même; l'animal n'en a pas pendant l'été; celui des mâles est un peu inférieur en qualité à celui des femelles.

Le duvet de la chèvre du Thibet ne peut pas être employé tel qu'il sort du peigne; il doit être soigneusement épluché, ce qui réduit la quantité moyenne de ce produit, prêt à être travaillé, fourni annuellement par chaque animal adulte, au poids de deux cents grammes.

La taille moyenne des chèvres du Thibet est de soixante-dix centimètres de haut sur un mètre de long, du bas de la tête à la naissance de la queue. L'introduction de cette race en Europe est due à M. Jaubert, célèbre orientaliste qui réussit à en ramener un troupeau de quatre cents têtes en France, en 1819, après en avoir perdu en route près de huit cents. Les survivantes s'acclimatèrent très-bien; mais la race ne s'en est pas propagée en France dans des proportions considérables, comme l'avait espéré son introducteur. Ce résultat ne tient ni au tempérament de la chèvre du Thibet, aussi robuste et aussi rustique que celle d'Europe, ni à la difficulté de la faire multiplier hors de son pays; elle est due exclusivement à la diminution de valeur du duvet propre à la fabrication des châles de Cachemire; en 1819, le kilogramme de ce duvet valait deux cents francs, et il était difficile de s'en procurer des quantités importantes, même à ce prix excessif; en 1855, ce même duvet valait douze francs cinquante le kilogramme, et le commerce en pouvait fournir des quantités illimitées; en ce moment (1858), il vaut dix francs le kilogramme. On comprend dès lors pourquoi l'élevage en grand de la chèvre du Thibet, n'offrant aucun avantage réel, a dû être à peu près abandonné. Néanmoins, il ne l'est pas entièrement; on a vu et admiré à l'exposition agricole universelle de 1855 de très-beaux spécimens de cette race, qui, dans des circonstances données qui empêcheraient le commerce de procurer à l'industrie le duvet de Cachemire en quantités proportionnées à ses besoins, pourrait être rapidement multipliée et reprendre une grande valeur. La chèvre du Thibet est d'ailleurs aussi bonne laitière que les meilleures de nos races européennes.

# CHAPITRE XV.

## MULTIPLICATION. — ÉLEVAGE. — PRODUITS.

Choix des reproducteurs. — Bouc. — Ses qualités. — Chèvre. — Sa durée. — Gestation. — Difficulté de la mise bas. — Moyens de la faciliter. — Allaitement. — Sa durée. — Sevrage. — Élevage des chevraux. — Nourriture des chèvres. — Régime des chèvres du Mont-Dore. — Choucroute de feuilles de vigne. — Sa préparation. — Son emploi. — Chèvres tenues en stabulation permanente. — Muselées pour aller aux champs. — Maladies des chèvres. — Hydropisie. — Desséchement des mamelles. — Mal de bois. — Produits de la chèvre. — En lait. — En fumier. — Propriétés du fumier des chevreaux. — Emploi des produits. — Police rurale relative aux chèvres. — Les chèvres et le défrichement.

### Choix des reproducteurs.

Lorsqu'on est bien fixé sur le choix d'une race de chèvres, conformément aux conditions économiques du pays où l'on opère, il faut donner toute son attention au choix des reproducteurs des deux sexes; les qualités et les défauts sont héréditaires chez la chèvre au même degré que chez les bêtes ovines, il suffit d'un mauvais bouc pour détériorer les chèvres de tout un canton, absolument comme il suffit d'un bélier défectueux pour gâter tout un troupeau.

### Bouc.

Un bon bouc doit être grand, c'est-à-dire d'une taille

supérieure à la taille moyenne de sa race; il doit avoir le collet épais et charnu, les jambes fortes et la tête petite; son poil doit être épais et doux au toucher. Bien qu'il soit adulte à un an, quelquefois même à huit mois, il ne doit pas commencer à servir comme reproducteur avant d'avoir atteint l'âge de deux ans accomplis. Un bon bouc suffit pour un troupeau de cent cinquante chèvres; il conserve sa vigueur jusqu'à l'âge de six à sept ans. Comme, dans tous les cas, sa chair n'est pas mangeable et ne peut être utilisée qu'en la faisant cuire pour la distribuer aux porcs, on le conserve jusqu'à ce qu'il soit épuisé. Dans le Mont-Dore, où l'on entretient des troupeaux de chèvres très-nombreux, on n'a pas plus d'un bouc à raison de quatre cents chèvres; aussi les boucs ne durent-ils pas au delà de deux ans et demi à trois ans. A l'époque de la reproduction, de la fin d'août à la fin de novembre, le bouc reçoit, outre sa ration habituelle, un litre d'avoine en deux repas et un verre de bon vin, qu'il boit avec plaisir.

### Chèvre.

La chèvre donne assez fréquemment deux chevreaux, quelquefois trois; on en cite quelques-unes qui ont donné quatre chevreaux en une seule portée; ce sont de très-rares exceptions. Les chèvres qui ont donné deux chevreaux à leur première portée continuent ordinairement à donner assez régulièrement des portées doubles. La durée d'une bonne chèvre est de dix ans au moins et douze ans au plus. Le volume des mamelles et la longueur des pis passent pour les indices d'une lactation abondante ; on doit préférer, à mérite égal sous les autres rapports, les chèvres dont le poil est le plus long et le plus abondant ; c'est le signe d'un tempérament robuste. Lorsque les produits d'une chèvre ne doivent pas être vendus très-jeunes comme chevreaux pour la boucherie, et qu'on se propose de les élever, la chèvre ne doit pas porter avant l'âge de deux ans ; mais la plupart des éleveurs, pour ne pas sacrifier en vue de l'avenir une année d'entretien de la chèvre, en obtiennent une portée dès qu'elle est complétement adulte, à l'âge d'un an ; c'est une cause permanente de dégénérescence et de détérioration des races de chèvres.

## Durée de la gestation.

La durée de la gestation est assez régulièrement de cinq mois et quelques jours. La naissance des chevreaux qu'on destine à la boucherie est préparée pour le courant de janvier ; on fait naître en mars et avril ceux qui doivent être élevés, afin qu'aussitôt après le sevrage ils puissent être nourris d'herbe fraîche, très-favorable à leur développement. La mise bas est souvent très-pénible ; on aide la naissance du chevreau en faisant boire à la chèvre un peu de vin chaud sucré ; après la naissance, lorsqu'elle continue à souffrir, des lotions avec une décoction tiède de feuilles de mauve ou de racine de guimauve la soulagent immédiatement.

### Allaitement.

La chèvre allaite son chevreau pendant trente à quarante jours : si elle en a deux à nourrir, pourvu qu'on proportionne son alimentation à la quantité de lait nécessaire à ses petits, elle les élève sans en souffrir. Les plus vigoureux sont sevrés un peu plus tôt que les autres ; mais ils ne doivent jamais l'être avant l'âge d'un mois au moins. A trois semaines, on commence à l'habituer à manger du fourrage frais, tandis que l'allaitement continue ; il est ainsi privé par degrés du lait de sa mère jusqu'à ce qu'il puisse être nourri exclusivement au pâturage. Les dents se développent chez la chèvre de même que chez le mouton ; elles indiquent assez exactement l'âge du chevreau, du bouc et de la chèvre, comme elles montrent l'âge des bêtes ovines. Le plus grand nombre des chevreaux mâles est vendu pour la boucherie, soit pendant l'allaitement, soit peu de temps après le sevrage. Leur chair, tout à fait analogue à celle de l'agneau, n'a pas encore contracté à cet âge la saveur forte et désagréable de celle du bouc. Ceux qu'il n'a pas été possible de vendre comme chevreaux peuvent être castrés ; ils prennent alors facilement la graisse, et deviennent beaucoup plus volumineux que les boucs de leur race ; dans ce cas, la castration doit être pratiquée à l'âge de trois à six mois ; plus tard, elle ne serait pas sans danger.

### Nourriture.

La chèvre peut être soumise au même régime que le mouton ; son tempérament étant beaucoup plus rustique, elle se contente d'aliments plus grossiers que ceux qui conviennent aux bêtes ovines ; elles se trouvent très-bien de pâturer l'herbe mouillée de la rosée du matin, herbe essentiellement contraire à la santé des moutons. Dans les cantons où chaque ménage de petits cultivateurs entretient une ou deux chèvres, elles sont principalement nourries en été d'herbe coupée dans les bois, les terres incultes, les vignes, herbe peu nourrissante et de qualité inférieure ; elles ne s'en portent pas plus mal et n'en donnent pas moins de lait ; il ne lui faut pas moins de neuf à dix kilogrammes de fourrage frais par jour. En hiver, elle se contente de paille ou de foin grossier ; mais, n'étant pas protégée par une toison bien chaude (à l'exception de la chèvre d'Angora), il lui faut, pendant la saison rigoureuse, un logement sain, bien clos, à l'abri du froid. Le reste de l'année, elle peut coucher en plein air, ou simplement sous un hangar.

### Régime des chèvres du Mont-Dore.

Plusieurs communes du canton du Mont-Dore pratiquent de temps immémorial une méthode particulière de nourrir et d'entretenir de nombreux troupeaux de chèvres, en utilisant, pour les alimenter pendant l'hivernage, les feuilles de vigne qu'on laisse perdre partout ailleurs, bien qu'il soit très-facile d'en tirer le même parti. Chaque troupeau compte de quarante à soixante têtes ; ces chèvres ne sortent *jamais*, pas plus en été qu'en hiver. On les traite avec beaucoup de douceur ; elles sont tenues très-proprement et peignées avec soin plusieurs fois par semaine, ce qu'on regarde avec raison comme très-utile au maintien de leur santé. Les chèvres du Mont-Dore n'appartiennent point à une race uniforme ; on en élève à long poil et à poil ras, avec ou sans cornes, de toute taille et de toute couleur, sans avoir égard à autre chose qu'à la bonne qualité et à l'abondance du lait. Cependant les chèvres à long poil et sans cornes passent généralement pour les meilleures. En été, ces chèvres reçoivent de l'herbe fraîche ; en hiver, elles ont pour principal, et le plus souvent pour unique aliment, la préparation suivante.

Aussitôt après la vendange, les feuilles encore vertes de la vigne sont cueillies à la main et jetées dans des fosses bétonnées dont les dimensions habituelles sont de trois mètres de long, deux mètres soixante de large et deux mètres trente de profondeur. Ces fosses, établies sous un hangar ou à l'intérieur d'un cellier, sont aussi nombreuses qu'il est nécessaire pour contenir la provision, proportionnée au nombre des chèvres à nourrir. A mesure que les feuilles de vigne sont jetées dans la fosse par les femmes et les enfants chargés d'en faire la récolte, elles sont piétinées et fortement foulées par des hommes qui marchent continuellement dessus et qui sont chaussés de lourds sabots neufs. De temps en temps, on y verse une petite quantité d'eau ; quand la fosse est bien remplie, on la recouvre de fortes planches sur lesquelles on pose une forte charge de grosses pierres; le tout reste en cet état pendant deux mois. Au bout de ce temps, la fosse contient ce qu'on pourrait nommer une *choucroute* de feuilles de vignes. Les feuilles, sans avoir subi aucun commencement de putréfaction, sont devenues d'une acidité agréable, plutôt aigrelettes qu'acides; les chèvres les mangent avec plaisir. L'eau dans laquelle baignent les feuilles de vigne est devenue d'un roux clair; elle exhale une odeur peu attrayante; les chèvres la boivent néanmoins avec avidité. Les feuilles, après deux mois de macération, n'ont pas perdu leur couleur verte; elle a seulement changé de nuance pour devenir plus foncée que le vert des feuilles de vigne à l'état frais. Rien de moins coûteux qu'une pareille nourriture; les chèvres en reçoivent à discrétion deux fois par jour, de décembre en mars, quelquefois jusqu'en avril, sans que leur lait en soit altéré ni diminué, sans qu'elles maigrissent d'une manière appréciable.

La plupart des troupeaux de chèvres du Mont-Dore, ainsi qu'on l'a dit plus haut, ne quittent jamais l'étable; les chèvres y sont attachées à la mangeoire par une chaîne seulement assez longue pour leur permettre de se lever lorsqu'elles veulent manger; elles restent couchées la plupart du temps, et ne prennent par conséquent aucun exercice; leur santé n'en souffre en aucune manière; on a même constaté, d'après les observations faites à l'école vétérinaire de Lyon, que de graves épizooties ont décimé les troupeaux de bêtes ovines dans les environs, sans que les chèvres du Mont-Dore en aient été atteintes. Le défaut d'exercice fait

allonger outre mesure la corne de leurs sabots; on doit
les leur rogner de temps à autre pour prévenir cet
allongement excessif.

Quelquefois, mais rarement, après la moisson, les
troupeaux de chèvres du Mont-Dore sont conduits dans
les champs pour les faire profiter de l'herbe dont ils
sont couverts; la permission de les laisser paître n'est
accordée qu'à la condition que les chèvres seront muselées pendant le trajet de l'étable aux champs, afin
qu'il leur soit impossible de commettre aucun dégât le
long du chemin; ces chèvres sont d'ailleurs aussi do-
ciles que familières.

### Maladies des chèvres.

Peu de nos animaux domestiques sont sujets à moins
de maladies que la chèvre. Quelquefois, mais rarement, lorsqu'elle a été trop longtemps nourrie dans
des pâturages marécageux, entièrement contraires à
son tempérament, elle devient hydropique. Il faut dans
ce cas recourir au vétérinaire, qui pratique la ponction,
presque toujours avec succès, après quoi la guérison
s'obtient par le changement de lieu et un bon régime
alimentaire.

Quand les chèvres sont exposées en été, sur les pâturages des montagnes, à des chaleurs violentes, il arrive assez souvent que leurs mamelles se dessèchent et
deviennent très-douloureuses; ce mal se guérit de lui-
même en menant les chèvres brouter, avant le lever
du soleil, l'herbe chargée de rosée.

On désigne sous le nom de *mal de bois* des indigestions que les chèvres se donnent assez souvent lorsqu'on les laisse brouter à discrétion les jeunes pousses des arbres, aliment qu'elles préfèrent à tout autre ; la diète et un peu de boisson rafraîchissante, composée de son ou de farine de seigle délayée dans de l'eau, font bientôt disparaître les suites du mal de bois. La chèvre est celui des animaux domestiques qui fournit le plus rarement au médecin vétérinaire l'occasion d'exercer son talent.

### Produits.

Le lait est le principal produit de la chèvre ; une chèvre est considérée comme bonne laitière lorsqu'elle donne deux litres de lait par jour, pendant quatre à cinq mois après le sevrage du chevreau. Les meilleures chèvres en donnent trois litres ; on en cite qui en donnent quatre litres, mais elles sont rares. Le lait de chèvre est employé en nature ou converti en fromage ; le beurre qu'il contient en assez grande quantité est blanc, d'une saveur peu agréable, analogue à celle du suif ; c'est pourquoi l'on n'en fait pas usage.

Le poil de la chèvre commune, utilisé pour la fabrication de divers tissus, est tondu en été ; les chèvres à long poil en donnent un kilogramme cinq cents grammes à deux kilogrammes par an. Les toisons des chèvres d'Angora et le duvet des chèvres de Cachemire sont des produits dont nous avons précédemment signalé la valeur.

L'un des meilleurs produits de la chèvre, lorsqu'elle est tenue, comme celles du Mont-Dore, en stabulation permanente, c'est son fumier : elle en donne beaucoup, lorsqu'on a soin de la bien nourrir et de renouveler assez souvent sa litière ; le fumier de chèvre possède les mêmes propriétés fertilisantes que le fumier des bêtes ovines.

### Emploi des produits.

On utilise de diverses manières le poil de chèvres dans plusieurs branches importantes d'industrie. Les teinturiers s'en servent pour une préparation connue sous le nom de *rouge de bourre* ; la chapellerie en fait des chapeaux communs, mais d'un bon usage, et qui prennent très-bien la teinture en noir, sans tourner au roux. Le poil de chèvre filé est la base du *camelot*, du *bouracan*, et de plusieurs autres tissus employés à couvrir des boutons ; on en fabrique aussi des ganses et différents articles de mercerie et de passementerie.

Dans les pays du Midi, où on livre à la consommation presque autant de chèvres que de moutons, on a soin de ne pas les abattre trop vieilles ; leur chair est meilleure salée qu'à l'état frais ; elle est à la fois saine et nourrissante. Le suif de chèvre a plus de consistance que le suif de mouton ; la qualité supérieure des suifs de Russie, fort estimés dans le commerce, recherchés surtout des fabricants de bougies de *stéarine*, tient à ce que le suif de chèvre y entre dans de fortes proportions.

La peau de chèvre, préparée par les soins des mégissiers, est convertie en maroquin ; l'empire de Maroc ne fournit pas moins de douze à quinze millions de peaux de chèvre par an au commerce de la corroierie.

Après les peaux de chèvres du Maroc, celles des chèvres de l'île de Corse sont les plus estimées.

### Police rurale relative aux chèvres.

A toutes les époques où l'attention s'est portée vers la nécessité de protéger efficacement les produits de l'agriculture contre les déprédations commises par les animaux nuisibles, la chèvre a toujours été regardée comme un fléau, et proscrite à raison des dégâts qu'elle commet lorsqu'elle est livrée à elle-même. Rappelons à ce sujet un arrêt du parlement de Toulouse (6 mars 1723) qui défend d'avoir des chèvres, même lorsqu'elles sont attachées dans les granges, les maisons ou ailleurs, *sous peine du fouet et de trois ans de bannissement*, et un arrêt du conseil (20 mai 1725), rendu sur les représentations des états de Languedoc, qui proscrit les chèvres d'une manière absolue dans toute la province du Languedoc, sous peine de mille livres d'amende par tête de chèvre envers les contrevenants. On comprend que de pareilles mesures n'ont jamais pu être exécutées à la rigueur, et qu'elles sont tombées depuis longtemps en désuétude.

Sous le régime actuellement en vigueur, voici quelles sont les peines encourues par les propriétaires de chèvres qui les laissent aller dans les champs emblavés :

Amende égale à trois journées de travail, pour chaque chèvre. Si le dégât a été commis dans un bois taillis, amende de deux francs par tête de chèvre ; en cas de récidive, quatre francs. Si le taillis est âgé de moins de six ans, et que le dégât soit commis en présence du chevrier chargé de le prévenir, amende de six francs. Enfin, quand toutes les circonstances aggravantes se trouvent réunies, amende de huit francs, ce qui, pour un troupeau un peu nombreux, constitue une répression suffisamment sévère quant au chiffre de l'amende encourue.

Mais, quand ces lois, même celles actuellement en vigueur, ont été faites, les avantages de la stabulation permanente des chèvres, bien que cette méthode fût usitée dans le Mont-Dore de temps immémorial, n'étaient pas suffisamment appréciés. Il est clair que la chèvre qui ne sort pas ne peut nuire en aucune manière aux produits de l'agriculture et qu'elle peut rapporter beaucoup. Un agronome moderne a fait observer que, grâce à l'intelligence des chèvres, douées d'un instinct très-développé, il serait également facile et profitable de joindre quelques chèvres à chaque troupeau de moutons. Celles qu'on traite de cette manière comprennent bien vite qu'elles font partie du troupeau ; elles se soumettent aux ordres du berger avec autant de docilité que les brebis, et ne commettent pas plus de dégâts qu'elles en leur tenant compagnie au pâturage ou dans le parc. Ces chèvres fourniraient un lait précieux pour les enfants, les malades, les convalescents ; elles allaiteraient au besoin des veaux privés de leur mère par accident ou maladie ; elles rendraient ainsi une foule de services que les brebis ne peuvent pas rendre.

Le préjugé contre les chèvres était encore tellement vivace en France en 1819, que, lorsqu'il s'agit d'introduire les chèvres du Thibet, des réclamations sans nombre furent adressées à l'autorité. Il fallut que le ministre de l'intérieur d'alors fit savoir par une circulaire que la pensée du gouvernement n'était nullement de multiplier outre mesure les chèvres en France, mais seulement de substituer à la race commune une race supérieure, là où la coutume d'entretenir des troupeaux de chèvres était alors en vigueur. De nos jours, tout le monde comprend qu'en ajoutant quelques chèvres aux troupeaux de moutons, ou bien en tenant des troupeaux de chèvres en stabulation permanente, il ne peut en résulter que des avantages.

### Les chèvres et le défrichement.

Quelques expériences couronnées de succès montrent sous un aspect nouveau les avantages qu'on peut retirer de l'élève en grand de la chèvre sur les terres en voie de défrichement; voici, dans ce cas, comment on procède.

On établit sur les terrains à défricher des pâturages ou pacages d'arbustes, absolument comme on y pourrait former des pâturages de plantes fourragères diverses, à l'usage des moutons ou du gros bétail. Le terrain, débarrassé de sa végétation sauvage, et préparé par une légère façon superficielle, est ensemencé ou planté d'arbustes à végétation abondante, à croissance rapide, propres à la nourriture des chèvres. Selon la nature du terrain et le climat local, on sème du genêt commun, du genêt d'Espagne, du troène, ou bien on multiplie de bouture le saule Marceau. Quand le terrain est couvert d'une végétation suffisamment bien

fournie, on achète un nombre de chèvres proportionné
à la quantité de nourriture que ces arbustes peuvent
fournir ; le terrain garni d'arbustes leur est livré successivement, afin que les vivres ne leur manquent en
aucune saison. Un hangar ouvert au midi suffit pour
abriter les chèvres la nuit, du printemps à l'automne ;
pour l'hiver, elles doivent coucher dans une bergerie
qui peut être construite en pisé et couverte en chaume
de la manière la plus économique.

A l'entrée de l'hiver, les parties du pâturage d'arbustes dont les chèvres ont brouté la végétation sont
recepées au niveau du sol ; on les laisse repousser
pendant deux ou trois ans, selon le plus ou moins de
fertilité du sol ; la consommation est calculée de manière que chaque division du terrain soit pâturée
en temps convenable, et qu'il y ait chaque année une
somme de nourriture verte en rapport avec le nombre
des chèvres.

Une portion du terrain, plus ou moins étendue, selon le chiffre du capital dont peut disposer le cultivateur, est défoncée à la bêche ou à la charrue et livrée
à diverses cultures fourragères ou autres. Tout le fumier produit par les chèvres est reporté exclusivement
sur cette portion, qui atteint en un an ou deux son
maximum de fertilité ; elle fournit amplement les
moyens de faire vivre les chèvres pendant la mauvaise
saison, où elles ne peuvent pas être nourries au pâturage.

Après avoir été broutés et recepés une ou deux fois,
les arbustes livrés au pâturage des chèvres peuvent être
considérés comme épuisés ; on les arrache en automne ;

leurs souches sont brûlées sur place, et leurs cendres répandues sur le sol, qui reçoit deux labours, un d'hiver, un de printemps. Il peut, en cet état, donner une bonne récolte de céréale de printemps ou de sarrasin et être ensuite rendu à la culture des arbustes, ou converti en terre arable soumise à un assolement régulier. La quantité de fumier que fournissent les chèvres et les rentrées en argent que procure la vente des produits du troupeau permettent de diminuer d'année en année l'étendue des pâturages d'arbustes, et d'augmenter d'autant celle du terrain cultivé, de sorte qu'au bout d'un certain temps tout est livré à la charrue, et la bruyère inculte est complétement remplacée par des moissons et des prairies.

On peut arriver au même résultat avec un troupeau de bêtes ovines comme avec un troupeau de chèvres : mais les moutons ne sont tondus qu'une fois par an ; les brebis ne donnent leur agneau que tous les ans, et, pour les faire vivre et prospérer, il faut avoir à leur offrir autre chose que des pâturages de buissons. La chèvre, plus sobre et plus rustique, sait s'en contenter ; son lait, s'il ne peut être vendu en nature, sert à faire d'excellents fromages, dont la vente procure des rentrées en argent toutes les semaines ; le fumier de la chèvre, pourvu qu'on lui donne assez de litière, est deux fois plus abondant que celui des moutons. Tout l'avantage est donc du côté du troupeau de chèvres ; il conduit d'une manière lente, mais sûre, au défrichement complet des terres incultes qu'on se propose de mettre en valeur ; il donne des produits réalisables en argent, dès le lendemain du jour où l'entreprise est commencée; on supprime successivement les chèvres, dès que le sol défriché donne en plantes fourragères et en racines de quoi nourrir des moutons et du gros bétail.

Il faut, pour réussir dans ce mode de défrichement, basé sur un troupeau de chèvres, beaucoup de persévérance; mais on peut l'entreprendre avec un faible capital, sans avances considérables, sans dépenses ruineuses en construction de bâtiments d'exploitation avec très-peu de frais de main-d'œuvre; de cette manière, le défrichement devient possible là où il ne le serait pas, faute de bras et de capitaux, si l'on voulait le réaliser par toute autre méthode.

On croit devoir rappeler ici, en faveur de ceux qui seraient dans le cas de commencer un défrichement avec des chèvres d'Angora, ce que rapporte au sujet de cette excellente race un agronome célèbre qui s'en était particulièrement occupé.

Peu d'années avant la Révolution, un troupeau de chèvres d'Angora avait réussi à souhait à la bergerie de Rambouillet. Ces chèvres étaient soumises au même régime que les bêtes à laine. Le problème de leur naturalisation était résolu. Nourrie sur les pâturages d'arbustes, la chèvre d'Angora rendrait le succès du défrichement d'autant plus assuré que la vente de ses toisons rendrait son entretien plus profitable que celui de la chèvre commune.

En résumé, les préjugés contre la chèvre tombent de jour en jour, à mesure qu'on étudie mieux les moyens d'utiliser ses qualités en évitant les inconvénients de ses défauts.

# TABLE DES MATIÈRES


### CHAPITRE PREMIER.

Races ovines, 9. — Races françaises, 10. — Race bretonne, 10. — Ses défauts, 11 — Sa petitesse, 11. — Race de Sologne, 12. — Ses qualités, 12. — Race ardennaise, 12. — Sa valeur pour la boucherie, 13. — Pays auxquels elle convient, 13. — Race des Flandres, 13. — Sa valeur pour la production de la viande, 13. — Race mérine, 14. — Valeur de sa laine, 14. — Race de Naz, 15. — De Mauchamps, 15. — Distribution géographique des races ovines en France, 16.

### CHAPITRE II.

Races ovines étrangères, 17. — Races de la Grande-Bretagne, 17. — Dishley, 18. — Southdown, 19. — Black-head, 20. — Race espagnole, 20. — Troupeaux mérinos transhumants, 20. — Races ovines d'Allemagne, 20. — Des bruyères, ou de Lunebourg, 21. — De Frise, 21. — Races ovines d'Asie, 22. — De Caramanie, 22. — D'Arabie, 22. — Races ovines d'Afrique, 22. — Moutons d'Australie, 22. — Leur origine, 23. — Leur accroissement prodigieux, 23. — Massacres de moutons en Australie en temps de sécheresse, 23.

### CHAPITRE III.

Formation d'un troupeau, 24. — Choix d'une race, 24. — Nombre des moutons par rapport à l'étendue des terres, 24. — Qualités que doit réunir un bon berger, 25. — Conditions d'engagement, 25. — Attributions du berger communal, 26. — Du berger de ferme, 27. — Apprentissage du berger, 27. — Comment on devient bon berger, 27. — Conduite d'un troupeau au pâturage, 28. — En voyage, 28. — La transhumance des moutons, 29. — Défense du troupeau contre les loups, 30. — Vigilance du berger et de ses chiens, 30. — Avantages de la profession de berger, 31.

### CHAPITRE IV.

Choix des reproducteurs, 32. — Son influence sur les troupeaux, 32.

— Choix du bélier, 32. — Conditions essentielles d'un bon bélier, 33. — Sa durée comme reproducteur, 33. — Choix des brebis, 34. — Leur durée, 34. — Gestation, 34. — Agnelage, 35. — Allaitement des agneaux, 35. — Portées doubles, 36. — Élevage des agneaux, 37. — Les Antennois, 38 — Moutons à laine fine, 39. — Moutons destinés à l'engraissement, 39. — Élevage des jeunes béliers, 39 — Régime qui leur convient, 39.

## CHAPITRE V.

Alimentation des bêtes ovines, 43. — Pâturage des jachères, 43. — Pâturages, les meilleurs pour les moutons, 43. — Fétuque des brebis, 43. — Trèfle blanc, 43. — Pimprenelle, 43. — Quantité de nourriture que peut donner un pâturage, 43. — Pâturage des prairies, 43. — Moment de livrer les pâturages aux troupeaux, 44. — Nourriture à la bergerie, 44. — Provisions pour cent moutons, 45 — Nature des aliments pour faire hiverner un troupeau, 46. — — Chou à mille têtes, 46. — Racines fourragères, 46. — Sel, 47. — Boissons, 47.

## CHAPITRE VI.

Les parcs à moutons, 49. — Leurs clôtures, 50. — Claies, 50. — Treillages, 50. — Filets, 50. — Fils de fer, 50. — Dimensions des parcs, 50. — Nourriture des moutons au parc, 50. — Effets fertilisants du parcage, 51. — Cabane mobile du berger, 51. — La bergerie, 52. — Hangar tenant lieu de bergerie, 53. — Sa hauteur, 53. — Ventilation, 54. — Précautions contre les loups, 55 — Contre les accidents, 55. — Râteliers, 55. — Mangeoires, 56. — Tenue de la bergerie, 57. — Litière, 57. — Sable ou terre sèche substitué à la litière, 57.

## CHAPITRE VII.

Engraissement des moutons, 59. — Choix des moutons pour l'engraissement, 59. — Moutons préférables aux brebis, 59. — Dans quelles conditions l'engraissement des brebis est avantageux, 59. — Engraissement au pâturage, 60. — Ration d'engraissement, 61. — Estimation des rations contenues dans une prairie, 62. — Engraissement de pouture à la bergerie, 63. — Régularité des distributions, 63. — Moment où les moutons gras doivent être vendus, 64. — Engraissement des agneaux, 64. — Valeur du fumier des moutons à l'engrais, 65.

## CHAPITRE VIII.

Divers régimes de l'élevage des troupeaux en France, 66 — Troupeaux des grandes fermes, 67. — Améliorations faciles à introduire dans ces troupeaux, 67. — Troupeaux des éleveurs qui ne cultivent pas, 68. — Avantages de ce système pour le fermier et pour l'éleveur, 69. — Troupeaux en cheptel, 69. — Conditions ordinaires du cheptel, 69. — Partage des produits, 70. — Stabulation des moutons, 71. — Ses avantages dans la petite culture, 72.

## CHAPITRE IX.

Causes habituelles des maladies des moutons, 74. — Maladies les plus fréquentes des bêtes ovines, 75. — Gale, 75. — Moyens de la combattre, 75. — Clavelée ou claveau, 76. — Ses caractères contagieux, 76. — Clavelisation, 76. — Sang de rate, 77. — Rapidité de son invasion, 77. — Saignée, 77. — Pâturage nocturne, 77. — Ses effets, 77. — Cachexie aqueuse ou pourriture, 77. — Ses causes, 77. — Moyens à lui opposer, 78. — Fièvre charbonneuse, 78. — Pâturage dans les genêts, 78. — Émigration du troupeau, 78. — Piétin, 78. — Plaies accidentelles, 79. — Fractures, 79. — Écorchures, 79. — Plaies envenimées, 79. — Maladies que la loi regarde comme vices rédhibitoires, 80. — Désinfection des bergeries, 80.

## CHAPITRE X.

Insectes extérieurs ou intérieurs, ennemis des moutons, 82. — Le pou, 83. — Moyen de le détruire en été, 83. — En hiver, 83. — Fumigations de tabac, 83. — Méthode pour les appliquer, 83. — Tique, 84. — Manière de l'extirper, 84. — Œstre, 84. — Ponte des œufs, 84. — Larves, 85. — Moyen de les détruire, 85. — Tournis causé par les larves d'œstre, 85. — Ver filaire, 85. — Attaque l'œil du mouton, 86. — Le rend aveugle, 86. — Cœnure cérébrale ou hydatide du cerveau, 86. — Ses effets, 86. — Impossibilité de l'atteindre, 87. — Tournis causé par cet insecte, 87. — Morsures des vipères, 87. — Guérissables quand on les soigne à temps, 88. — Mortelles si le secours n'est pas immédiat, 88.

## CHAPITRE XI.

Conditions de production des laines, 89. — Production de la laine fine, 90. — Égalité du brin, 90. — Égalité de nourriture en été et pendant l'hivernage, 90. — Lenteur d'accroissement des bêtes à laine fine, 90. — Force et élasticité de la laine, 91. — Moyen de les vérifier, 91. — Tonte des moutons, 91. — Lavage à dos, 92. — Dans l'eau courante, 92. — Dans l'eau de mare, 92. — Suint, 93. — Lavage des laines après la tonte, 93. — Triage des laines, 94. — Jarre, 94. — Laines jarreuses, 94. — Conservation des laines, 95. — Teigne de la laine, 95. — Moyen de la détruire, 95.

## CHAPITRE XII.

Conformation des moutons, 97. — Moyen de la vérifier, 98. — Conditions d'une bonne conformation, 98. — Signes de la santé, 98. — Rougeur des veines de l'œil, 98. — Signes de l'âge, 99. — État des dents, 99. — Ne donne que des approximations, 19. — Qualités de la laine, 100. — Abondance de lait, 101. — Provenance, 101. — Achats en masse, 102.

## CHAPITRE XIII.

Croisements inconsidérés, 104. — Leurs effets, 104. — Préparatifs au croisement, 105. — Amélioration des races par elles-mêmes, 105. — Béliers pour les croisements, 106. — Introduction des races substituée au croisement, 106. — Ses inconvénients, 106. — Races assorties pour le croisement, 107. — Amélioration par progression, 107. — Ses avantages, 107. — Durée de l'opération, 108. — Marque des métis, 108. — Croisement en dedans, 109. — Hâte l'engraissement pour les races de boucherie, 109.

## CHAPITRE XIV.

Qualités et défauts de la chèvre, 112. — Enfants nourris par des chèvres, 112. — Attachement de la chèvre à son nourrisson, 113. — Caractère indocile de la chèvre, 113. — Espèces et variétés, 113. — Chèvre commune, 114. — A longs poils, 114. — A oreilles pendantes, 114. — Chèvre d'Angora, 115. — Valeur de sa toison, 115. — Recherchées pour les velours de laine, 116. — Chèvre du Thibet ou de Cachemire, 116. — Propriétés de son duvet, 117. — Prix ancien de ce produit, 118. — Sa valeur actuelle, 118. — Taille des chèvres du Thibet, 117. — Époque de leur introduction en France, 117. — Leurs qualités comme laitières, 118.

## CHAPITRE XV.

Choix des reproducteurs, 119. — Bouc, 119. — Ses qualités, 120. — Chèvre, 120. — Sa durée, 120. — Gestation, 121. — Difficulté de la mise bas, 121. — Moyens de la faciliter, 121. — Allaitement, 122. — Sa durée, 122. — Sevrage, 122. — Élevage des chevreaux, 122. — Nourriture des chèvres, 123. — Régime des chèvres du Mont-Dore, 123. — Choucroute de feuilles de vigne, 124. — Sa préparation, 124. — Son emploi, 125. — Chèvres tenues en stabulation permanente, 125. — Muselées pour aller aux champs, 126. — Maladies des chèvres, 126. — Hydropisie, 126. — Dessèchement des mamelles, 126. — Mal de bois, 127. — Produits de la chèvre, 127. — En lait, 127. — En fumier, 128. — Propriété du fumier des chevreaux, 128.

# TABLE ALPHABÉTIQUE

## A

Abondance du lait des brebis. . . . . . . . . . . . . . . . . 101
Age des bêtes ovines (Connaissance de l'). . . . . . . . . . . 99
Agneaux (Allaitement des). . . . . . . . . . . . . . . . . . . 35
   — (Élevage des). . . . . . . . . . . . . . . . . . . . . 37
   — (Engraissement des). . . . . . . . . . . . . . . . . . 64
Agnelage. . . . . . . . . . . . . . . . . . . . . . . . . . . 35
Alimentation des bêtes ovines. . . . . . . . . . . . . . . . . 43
Aliments pour l'hivernage d'un troupeau. . . . . . . . . . . . 46
Allaitement des agneaux. . . . . . . . . . . . . . . . . . . . 35
Amélioration des races ovines. . . . . . . . . . . . . . . . . 67
   — des races par elles-mêmes. . . . . . . . . . . . . . . 105
   — par progression. . . . . . . . . . . . . . . . . . . . 107
Antenois. . . . . . . . . . . . . . . . . . . . . . . . . . . 38
Apprentissage du berger. . . . . . . . . . . . . . . . . . . . 27
Attributions du berger communal. . . . . . . . . . . . . . . . 26
   — du berger de ferme. . . . . . . . . . . . . . . . . . . 27
Avantages de la profession de berger. . . . . . . . . . . . . 51

## B

Bélier (Choix du). . . . . . . . . . . . . . . . . . . . . . . 52
   — (Durée du). . . . . . . . . . . . . . . . . . . . . . . 35
   — qualités qu'il doit posséder. . . . . . . . . . . . . . 35
Béliers (Élevage des jeunes). . . . . . . . . . . . . . . . . 39
Berger communal. . . . . . . . . . . . . . . . . . . . . . . . 26
   — — ses conditions d'engagement. . . . . . . . . . . . . 25
   — — de ferme. . . . . . . . . . . . . . . . . . . . . . . 27
   — — qualités qu'il doit posséder. . . . . . . . . . . . . 25
Bergerie. . . . . . . . . . . . . . . . . . . . . . . . . . . 52
   — (Hauteur de la). . . . . . . . . . . . . . . . . . . . 53
   — (Tenue de la). . . . . . . . . . . . . . . . . . . . . 57
   — (Ventilation de la). . . . . . . . . . . . . . . . . . 54

Bêtes ovines (Alimentation des) . . . . . . . . . . . . . . . . . 43
Boisson pour les bêtes ovines . . . . . . . . . . . . . . . . . . 47
Bouc, qualités qu'il doit posséder . . . . . . . . . . . . . . . 120
Brebis (Choix des) . . . . . . . . . . . . . . . . . . . . . . . 54
— (Durée des) . . . . . . . . . . . . . . . . . . . . . . . . 54
— (Engraissement des) . . . . . . . . . . . . . . . . . . . . 59
— (Gestation des) . . . . . . . . . . . . . . . . . . . . . . 54

## C

Cabane mobile du berger . . . . . . . . . . . . . . . . . . . . 51
Cachexie aqueuse des moutons . . . . . . . . . . . . . . . . . . 77
Cécité des bêtes ovines . . . . . . . . . . . . . . . . . . . . 86
Cheptel. — Ses conditions ordinaires . . . . . . . . . . . . . . 69
Chèvre d'Angora . . . . . . . . . . . . . . . . . . . . . . . . 115
— commune . . . . . . . . . . . . . . . . . . . . . . . . . . 113
— (Durée de la) . . . . . . . . . . . . . . . . . . . . . . . 120
— (Espèces et variétés de la) . . . . . . . . . . . . . . . . 113
— (Gestation de la) . . . . . . . . . . . . . . . . . . . . . 121
— à long poil . . . . . . . . . . . . . . . . . . . . . . . . 114
— à oreilles pendantes . . . . . . . . . . . . . . . . . . . . 114
— du Thibet . . . . . . . . . . . . . . . . . . . . . . . . . 116
— (Maladies des) . . . . . . . . . . . . . . . . . . . . . . . 126
— (Nourriture des) . . . . . . . . . . . . . . . . . . . . . . 125
— (Police rurale des) . . . . . . . . . . . . . . . . . . . . 129
— (Produits des) . . . . . . . . . . . . . . . . . . . . . . . 127
— (Stabulation des) . . . . . . . . . . . . . . . . . . . . . 123
Chevreaux (Allaitement des) . . . . . . . . . . . . . . . . . . 122
Choix des reproducteurs de la race ovine . . . . . . . . . . . . 52
— du bélier . . . . . . . . . . . . . . . . . . . . . . . . . 52
— des brebis . . . . . . . . . . . . . . . . . . . . . . . . . 54
Chou à mille tête . . . . . . . . . . . . . . . . . . . . . . . 46
Claies pour les parcs à moutons . . . . . . . . . . . . . . . . 50
Claveau . . . . . . . . . . . . . . . . . . . . . . . . . . . . 76
Clavelée . . . . . . . . . . . . . . . . . . . . . . . . . . . . 76
Clavelisation . . . . . . . . . . . . . . . . . . . . . . . . . 76
Cœnure cérébral du mouton . . . . . . . . . . . . . . . . . . . 86
Conduite du troupeau au pâturage . . . . . . . . . . . . . . . . 28
— — en voyage . . . . . . . . . . . . . . . . . . . . . . . . 28
Conformation des moutons . . . . . . . . . . . . . . . . . . . . 97
Croisements des races ovines . . . . . . . . . . . . . . . . . 104
— — en dedans . . . . . . . . . . . . . . . . . . . . . . . . 109

## D


Défense du troupeau contre les loups. . . . . . . . . . . . . . . 50
Défrichement facilité par les chèvres. . . . . . . . . . . . . . 131
Désinfection des bergeries. . . . . . . . . . . . . . . . . . 80
Dimensions des parcs à moutons. . . . . . . . . . . . . . . 50
Distribution des rations aux moutons à l'engrais. . . . . . . 65
Duvet des chèvres du Thibet. . . . . . . . . . . . . . . . . 117


## E


Écorchures des bêtes ovines. . . . . . . . . . . . . . . . . 79
Égalité du brin de la laine. . . . . . . . . . . . . . . . . . 90
Élevage des agneaux. . . . . . . . . . . . . . . . . . . . . 57
— des jeunes béliers. . . . . . . . . . . . . . . . . . 59
Enfants nourris par des chèvres. . . . . . . . . . . . . . . 112
Engraissement des agneaux. . . . . . . . . . . . . . . . . 64
— des moutons à la bergerie. . . . . . . . . . . . 65
— — au pâturage. . . . . . . . . . . . . . 69
Espèces et variétés de chèvres. . . . . . . . . . . . . . . . 113


## F


Fétuque des brebis. . . . . . . . . . . . . . . . . . . . . . 45
Feuilles de vigne pour l'hivernage des chèvres . . . . . . . 125
Fièvre charbonneuse des moutons. . . . . . . . . . . . . . 78
Filets pour les parcs à moutons. . . . . . . . . . . . . . . 50
Fractures. . . . . . . . . . . . . . . . . . . . . . . . . . . 79
Fromage de lait de chèvre. . . . . . . . . . . . . . . . . . 127
Fumier des moutons. . . . . . . . . . . . . . . . . . . . . 65
— des chèvres. . . . . . . . . . . . . . . . . . . . 128
Fumigations de tabac. . . . . . . . . . . . . . . . . . . . 83


## G


Gale des moutons. . . . . . . . . . . . . . . . . . . . . . . 75
Gestation des brebis. . . . . . . . . . . . . . . . . . . . . 54


## H


Hangar tenant lieu de bergerie. . . . . . . . . . . . . . . . 53
Hydatide du cerveau des bêtes ovines. . . . . . . . . . . . 86
Hydropisie de la chèvre. . . . . . . . . . . . . . . . . . . 126


## I


Insectes ennemis des moutons. . . . . . . . . . . . . . . . 82

## J

Jachères pâturées par les moutons. . . . . . . . . . . . . . . . . 44
Jarre de la laine. . . . . . . . . . . . . . . . . . . . . . . . . . 94

## L

Laine (Force et élasticité de la). . . . . . . . . . . . . . . . . . 91
Laines (Conservation des). . . . . . . . . . . . . . . . . . . . . . 95
 — fines. . . . . . . . . . . . . . . . . . . . . . . . . . . . . . 90
 — jarreuses. . . . . . . . . . . . . . . . . . . . . . . . . . . . 94
Lavage des laines à dos. . . . . . . . . . . . . . . . . . . . . . . 92
 —      dans l'eau courante. . . . . . . . . . . . . . . . . . . . 92
 —      dans l'eau de mare. . . . . . . . . . . . . . . . . . . . . 93
 —      après la tonte. . . . . . . . . . . . . . . . . . . . . . . 93
Loups (Précautions à prendre contre les). . . . . . . . . . . . . . 55

## M

Mal de bois des chèvres. . . . . . . . . . . . . . . . . . . . . . . 127
Maladies des bêtes ovines. . . . . . . . . . . . . . . . . . . . . . 75
Mangeoires pour les moutons. . . . . . . . . . . . . . . . . . . . . 56
Massacres de moutons en Australie. . . . . . . . . . . . . . . . . . 25
Mérinos métis, manière de les marquer. . . . . . . . . . . . . . . . 108
Moutons (Achat des). . . . . . . . . . . . . . . . . . . . . . . . . 102
 — de l'Australie; leur origine. . . . . . . . . . . . . . . . . . 25
 — (Boissons pour les). . . . . . . . . . . . . . . . . . . . . . . 47
 — (Conformation des). . . . . . . . . . . . . . . . . . . . . . . 97
 — (Dentition des). . . . . . . . . . . . . . . . . . . . . . . . . 101
 — (Engraissement des). . . . . . . . . . . . . . . . . . . . . . . 59
 — à engraisser. . . . . . . . . . . . . . . . . . . . . . . . . . 39
 — à laine fine. . . . . . . . . . . . . . . . . . . . . . . . . . 39
 — Leur nourriture au parc. . . . . . . . . . . . . . . . . . . . . 50
 — (Provisions d'hiver pour cent). . . . . . . . . . . . . . . . . 45
 — (Signes de la santé des). . . . . . . . . . . . . . . . . . . . 98
 — (Stabulation des). . . . . . . . . . . . . . . . . . . . . . . . 71
 — (Tonte des). . . . . . . . . . . . . . . . . . . . . . . . . . . 91
 — (Vente des) gras. . . . . . . . . . . . . . . . . . . . . . . . 64

## N

Nourriture des chèvres en stabulation. . . . . . . . . . . . . . . . 125
 —      des moutons à la bergerie. . . . . . . . . . . . . . . . . 45
 —      —      au parc. . . . . . . . . . . . . . . . . . . . . . . 50

## O


Œstre du mouton. . . . . . . . . . . . . . . . . . . . . . . 85


## P


Parcage ; ses effets fertilisants . . . . . . . . . . . . . . . 57
Parcs à moutons. . . . . . . . . . . . . . . . . . . . . . . 49
   —      —    (Clôture des). . . . . . . . . . . . . . 50
   —      —    (Dimensions des). . . . . . . . . . . 50
Pâturage des jachères. . . . . . . . . . . . . . . . . . . . 44
   — livré aux moutons . . . . . . . . . . . . . . . . 44
   — des prairies. . . . . . . . . . . . . . . . . . . . 45
   — nocturne, utile aux moutons . . . . . . . . . . . 77
Peau de chèvre ; ses usages industriels. . . . . . . . . . . 128
Piétin. . . . . . . . . . . . . . . . . . . . . . . . . . . . . 78
Pimprenelle. . . . . . . . . . . . . . . . . . . . . . . . . . 45
Plaies accidentelles des bêtes ovines. . . . . . . . . . . . 79
Poil de chèvre ; ses usages industriels. . . . . . . . . . . 127
   — de la chèvre d'Angora. . . . . . . . . . . . . . . 115
Portées doubles chez la brebis . . . . . . . . . . . . . . . 36
Poux des bêtes ovines. . . . . . . . . . . . . . . . . . . . 85
Précautions à prendre contre les accidents. . . . . . . . . 55
   —      —    contre les loups. . . . . . . . . . 55


## R


Race ovine ardennaise. . . . . . . . . . . . . . . . . . . . 12
   — d'Arabie. . . . . . . . . . . . . . . . . . . . . . 22
   — Black-faced. . . . . . . . . . . . . . . . . . . . . 20
   — bretonne. . . . . . . . . . . . . . . . . . . . . . 10
   — de Caramanie. . . . . . . . . . . . . . . . . . . . 22
   — Dishley. . . . . . . . . . . . . . . . . . . . . . . 18
   — des Flandres. . . . . . . . . . . . . . . . . . . . 15
   — de Frise. . . . . . . . . . . . . . . . . . . . . . 21
   — de Lunebourg. . . . . . . . . . . . . . . . . . . . 21
   — de Mauchamps . . . . . . . . . . . . . . . . . . . 15
   — mérine. . . . . . . . . . . . . . . . . . . . . . . 14
   — de Naz. . . . . . . . . . . . . . . . . . . . . . . 15
   — de Sologne. . . . . . . . . . . . . . . . . . . . . 12
   — Southdown. . . . . . . . . . . . . . . . . . . . . 19
Races ovines étrangères . . . . . . . . . . . . . . . . . . . 17
   —      —    d'Afrique. . . . . . . . . . . . . . 22
   —      —    d'Allemagne. . . . . . . . . . . . . 20

Races ovines étrangères d'Asie. . . . . . . . . . . . . . . . . . . . 22
—            —      d'Espagne. . . . . . . . . . . . . . . . . . 20
—            —      de la Grande-Bretagne. . . . . . . . . . . 17
—                  françaises. . . . . . . . . . . . . . . . . . 10
Racines fourragères pour les moutons. . . . . . . . . . . . . . . 46
Râteliers de bergerie. . . . . . . . . . . . . . . . . . . . . . . 56
Ration d'engraissement des moutons. . . . . . . . . . . . . . . 61
Régime des jeunes béliers. . . . . . . . . . . . . . . . . . . . . 54
—     des troupeaux en France. . . . . . . . . . . . . . . . . 66

## S

Sang de rate. . . . . . . . . . . . . . . . . . . . . . . . . . . 77
Sel. . . . . . . . . . . . . . . . . . . . . . . . . . . . . . . . 47
Suif de chèvre. . . . . . . . . . . . . . . . . . . . . . . . . 128
Saint. . . . . . . . . . . . . . . . . . . . . . . . . . . . . . 03

## T

Teigne de la laine. . . . . . . . . . . . . . . . . . . . . . . . 95
Terre ou sable pour litière. . . . . . . . . . . . . . . . . . . . 57
Tique des moutons. . . . . . . . . . . . . . . . . . . . . . . . 84
Tonte des moutons. . . . . . . . . . . . . . . . . . . . . . . . 94
Tournis. . . . . . . . . . . . . . . . . . . . . . . . . . . . . 87
Transhumance des troupeaux. . . . . . . . . . . . . . . . . . . 20
Trèfle blanc. . . . . . . . . . . . . . . . . . . . . . . . . . . 45
Treillage pour les parcs à moutons. . . . . . . . . . . . . . . 50
Triage des laines. . . . . . . . . . . . . . . . . . . . . . . . 94
Troupeau en cheptel. . . . . . . . . . . . . . . . . . . . . . . 69
—     (Défense du) contre les loups. . . . . . . . . . . . . . 70
—     (Formation d'un). . . . . . . . . . . . . . . . . . . . 24
—     d'une grande ferme. . . . . . . . . . . . . . . . . . . 67
Troupeaux transhumants. . . . . . . . . . . . . . . . . . . . . 20

## V

Valeur du fumier des moutons. . . . . . . . . . . . . . . . . . 65
Vente des moutons gras. . . . . . . . . . . . . . . . . . . . . 64
Ver filaire de l'œil du mouton. . . . . . . . . . . . . . . . . . 85
Vices rédhibitoires du mouton. . . . . . . . . . . . . . . . . . 80
Vipères (Morsures des). . . . . . . . . . . . . . . . . . . . . 87